Methode zur ergebnisorientierten Gestaltung von Entwicklungsprozessen

Von der Fakultät Konstruktions- und
Fertigungstechnik der Universität Stuttgart
zur Erlangung der Würde
eines Doktor-Ingenieurs (Dr.-Ing.)
genehmigte Abhandlung

vorgelegt von

Dipl.-Ing. Patrick Nohe
aus
Mosbach

Hauptberichter: Prof. Dr.-Ing. habil. H.-J. Bullinger
Mitberichter: Prof. Dr.-Ing. E. Westkämper

Tag der Einreichung: 01. Juli 1998
Tag der mündlichen Prüfung: 18. Januar 1999

Patrick Nohe

Methode zur ergebnisorientierten Gestaltung von Entwicklungsprozessen

Mit 53 Abbildungen und 16 Tabellen

Springer

Dr.-Ing. Patrick Nohe
DaimlerChrysler AG
Institut für Arbeitswissenschaft und Technologiemanagement (IAT), Stuttgart

Prof. Dr.-Ing. Dr. h. c. mult. H. J. Warnecke
o. Professor an der Universität Stuttgart
Präsident der Fraunhofer-Gesellschaft, München

Prof. Dr.-Ing. Dr. h. c. E. Westkämper
o. Professor an der Universität Stuttgart
Fraunhofer-Institut für Produktionstechnik und Automatisierung (IPA), Stuttgart

Prof. Dr.-Ing. habil. Prof. e. h. Dr. h. c. H.-J. Bullinger
o. Professor an der Universität Stuttgart
Fraunhofer-Institut für Arbeitswirtschaft und Organisation (IAO), Stuttgart

D 93

ISBN-13: 978-3-540-66083-5 e-ISBN-13: 978-3-642-47978-6
DOI: 10.1007/978-3-642-47978-6

Gesamtherstellung: Copydruck GmbH, Heimsheim
SPIN 10732099 62/3020–5 4 3 2 1 0

Geleitwort der Herausgeber

Über den Erfolg und das Bestehen von Unternehmen in einer marktwirtschaftlichen Ordnung entscheidet letztendlich der Absatzmarkt. Das bedeutet, möglichst frühzeitig absatzmarktorientierte Anforderungen sowie deren Veränderungen zu erkennen und darauf zu reagieren.

Neue Technologien und Werkstoffe ermöglichen neue Produkte und eröffnen neue Märkte. Die neuen Produktions- und Informationstechnologien verwandeln signifikant und nachhaltig unsere industrielle Arbeitswelt. Politische und gesellschaftliche Veränderungen signalisieren und begleiten dabei einen Wertewandel, der auch in unseren Industriebetrieben deutlichen Niederschlag findet.

Die Aufgaben des Produktionsmanagements sind vielfältiger und anspruchsvoller geworden. Die Integration des europäischen Marktes, die Globalisierung vieler Industrien, die zunehmende Innovationsgeschwindigkeit, die Entwicklung zur Freizeitgesellschaft und die übergreifenden ökologischen und sozialen Probleme, zu deren Lösung die Wirtschaft ihren Beitrag leisten muß, erfordern von den Führungskräften erweiterte Perspektiven und Antworten, die über den Fokus traditionellen Produktionsmanagements deutlich hinausgehen.

Neue Formen der Arbeitsorganisation im indirekten und direkten Bereich sind heute schon feste Bestandteile innovativer Unternehmen. Die Entkopplung der Arbeitszeit von der Betriebszeit, integrierte Planungsansätze sowie der Aufbau dezentraler Strukturen sind nur einige der Konzepte, welche die aktuellen Entwicklungsrichtungen kennzeichnen. Erfreulich ist der Trend, immer mehr den Menschen in den Mittelpunkt der Arbeitsgestaltung zu stellen - die traditionell eher technokratisch akzentuierten Ansätze weichen einer stärkeren Human- und Organisationsorientierung. Qualifizierungsprogramme, Training und andere Formen der Mitarbeiterentwicklung gewinnen als Differenzierungsmerkmal und als Zukunftsinvestition in *Human Resources* an strategischer Bedeutung.

Von wissenschaftlicher Seite muß dieses Bemühen durch die Entwicklung von Methoden und Vorgehensweisen zur systematischen Analyse und Verbesserung des Systems Produktionsbetrieb einschließlich der erforderlichen Dienstleistungsfunktionen unterstützt werden. Die Ingenieure sind hier gefordert, in enger Zusammenarbeit mit anderen Disziplinen, z. B. der Informatik, der Wirtschaftswissenschaften und der Arbeitswissenschaft, Lösungen zu erarbeiten, die den veränderten Randbedingungen Rechnung tragen.

Die von den Herausgebern langjährig geleiteten Institute, das

- Institut für Industrielle Fertigung und Fabrikbetrieb der Universität Stuttgart (IFF),
- Institut für Arbeitswissenschaft und Technologiemanagement (IAT),
- Fraunhofer-Institut für Produktionstechnik und Automatisierung (IPA),
- Fraunhofer-Institut für Arbeitswirtschaft und Organisation (IAO)

arbeiten in grundlegender und angewandter Forschung intensiv an den oben aufgezeigten Entwicklungen mit. Die Ausstattung der Labors und die Qualifikation der Mitarbeiter haben bereits in der Vergangenheit zu Forschungsergebnissen geführt, die für die Praxis von großem Wert waren. Zur Umsetzung gewonnener Erkenntnisse wird die Schriftenreihe „IPA-IAO - Forschung und Praxis" herausgegeben. Der vorliegende Band setzt diese Reihe fort. Eine Übersicht über bisher erschienene Titel wird am Schluß dieses Buches gegeben.

Dem Verfasser sei für die geleistete Arbeit gedankt, dem Springer-Verlag für die Aufnahme dieser Schriftenreihe in seine Angebotspalette und der Druckerei für saubere und zügige Ausführung. Möge das Buch von der Fachwelt gut aufgenommen werden.

H. J. Warnecke E. Westkämper H.-J. Bullinger

Vorwort

Die vorliegende Arbeit entstand während meiner wissenschaftlichen Tätigkeit im Forschungslabor Elektronikarchitektur und -integration der DaimlerChrysler Aktiengesellschaft und am Institut für Arbeitswissenschaft und Technologiemanagement (IAT) in Stuttgart.

Herrn Prof. Dr.-Ing. habil. Prof. e. h. Dr. h. c. H.-J. Bullinger, geschäftsführender Direktor des Instituts für Arbeitswissenschaft und Technologiemanagement (IAT) der Universität Stuttgart und Leiter des Fraunhofer-Instituts für Arbeitswirtschaft und Organisation (IAO), danke ich sehr für die wissenschaftliche Unterstützung und wohlwollende Förderung der Arbeit.

Herrn Prof. Dr.-Ing. Dr. h. c. E. Westkämper, Leiter des Instituts für Industrielle Fertigung und Fabrikbetrieb (IFF) der Universität Stuttgart und Leiter des Fraunhofer-Instituts für Produktionstechnik und Automatisierung (IPA), danke ich für die Übernahme des Mitberichtes, seine eingehende Durchsicht der Arbeit und die sich daraus ergebenden konstruktiven Hinweise.

Mein besonderer Dank gilt Herrn Dipl.-Ing. M. Richter, Leiter des Competence Centers Produktionsmanagement am Fraunhofer-Institut für Arbeitswirtschaft und Organisation, für die fruchtbare Zusammenarbeit, die vielen kritischen und sehr wertvollen Diskussionen sowie das in mich gesetzte Vertrauen.

Besonders erwähnen möchte ich all diejenigen, die mir die Gelegenheit gaben, meine Arbeiten in der Praxis entwickeln und umsetzen zu können. Hierfür möchte ich mich insbesondere bei den Herren Dr.-Ing. T. Raith, Dr.-Ing. B. Hense, Dr.-Ing. J. Bortolazzi, Dipl.-Ing. (FH) T. Hirth, Dipl.-Inform. P. Rauleder und Dipl.-Ing. (FH) U. Thelen der DaimlerChrysler AG bedanken. Weiterhin gilt mein Dank allen ehemaligen und jetzigen Kolleginnen und Kollegen bei FT2/EE, den Projektmitarbeitern am IAO sowie meinen Studien- und Diplomarbeitern, deren Engagement und Bereitschaft zur Zusammenarbeit stets eine Hilfe waren.

Zuletzt danke ich meiner Familie und meinem Freundeskreis für alles, was mich in meinem Denken und Handeln bestärkt und somit zum Gelingen dieser Arbeit beigetragen hat.

Stuttgart, im Januar 1999

Patrick Nohe

Inhaltsverzeichnis

1 Einleitung

Weltweit stehen Produktionsunternehmen unterschiedlicher Branchen den Herausforderungen eines verschärften internationalen Wettbewerbs gegenüber. Moderne Informationstechnologien ermöglichen Ländern mit niedrigen Lohn- und Lohnnebenkosten das Anbieten von Produkten mit gleichwertiger Qualität zu günstigeren Preisen. In einer Studie, die auf einer repräsentativen Umfrage bei deutschen Unternehmen basiert, wurde festgestellt, daß sich ca. 80% der befragten Unternehmen auf Märkten mit hohem Preiswettbewerb und Konkurrenzdruck befinden [BULL95B]. Wie jedoch eine Untersuchung der Zukunftskommission Wirtschaft 2000 des Landes Baden-Württemberg zeigt, sind Produktionskostennachteile von einheimischen Unternehmen gegenüber führenden Wettbewerbern am Weltmarkt in Höhe von durchschnittlich 25-30% nur zu einem Drittel auf standortbedingte Rahmenbedingungen zurückzuführen (vgl. [SIHN95]). Zu zwei Drittel tragen vielmehr die Organisation und die Produktentwicklung in den jeweiligen Unternehmen bei.

Vor diesem Hintergrund haben sich hierzulande zahlreiche Unternehmen der Automobilindustrie zu einer aktiven Auseinandersetzung mit dieser Situation entschieden. Aus einer aktuellen Trend-Berichterstattung zur Restrukturierung von Unternehmen [SPER97] geht hervor, daß moderne Management- und Arbeitsorganisationskonzepte auf eine hohe Nachfrage bei Unternehmen und Managern stoßen. Mit dem Einsatz dieser Konzepte wird das Ziel verfolgt, Umsatzzahlen und Gewinne und damit die Existenz des Unternehmens zu sichern.

Im Bereich der Produktinnovation unterstützen offensive Produktplanungs- und Marketingstrategien die Erweiterung bestehender Produktpaletten und Dienstleistungen in Richtung kundenindividueller Lösungen. Programmpolitische Maßnahmen zur Veränderung der Angebotsbreite haben Diversifikation, Produktdifferenzierung und zahlreiche Neuproduktentwicklungen zur Folge [MIER95].

Bei der Reorganisation von Unternehmensprozessen zur Reduzierung des Produktbereitstellungsaufwands stehen vor allem der Entwicklungs- und Produktionsprozeß im Vordergrund. So werden vermehrt Bestrebungen zur Reduzierung der Produktionsaufwendungen mit Verlagerungen der Produktionsstandorte ins Ausland verknüpft [DEIß92]. Heute werden bereits 20% der Gesamtproduktion westeuropäischer Automobilunternehmen außerhalb der EU hergestellt [OV96].

Im Umfeld der Planung von Produktentwicklungsprozessen werden mit zahlreichen Reorganisationsprojekten und -programmen Veränderungen herbeigeführt, oftmals jedoch unter den Prämissen bereichs- oder abteilungsbezogener Zielsetzungen. Durch die Einführung leistungsstarker Technologien und Werkzeuge sollen die gestiegenen Anforderungen an die Entwicklungsbereiche aufgrund breiterer Produktspektren und komplexeren Produktstrukturen kompensiert werden. Aufbauorganisatorische Optimierungsmaßnahmen bleiben meist unberücksichtigt. Wheelwright und Clark [WHEE94] betonen hingegen die Notwendigkeit zur funktionsübergreifenden Integration. Anhand diverser Fallstudien wird gezeigt, daß eine hervorragende Produkt- und Prozeßentwicklung nur durch die gegenseitige Verstärkung sämtlicher Hauptbereiche eines Unternehmens möglich ist.

1.1 Abgrenzung der Problemstellung

Unternehmen haben die dringende Notwendigkeit erkannt, den Aufwand für die Bereitstellung marktfähiger Produkte durch die Gestaltung ihrer internen Prozesse zu reduzieren. Bisher führen jedoch meist lokale, technologiezentrierte Kostensenkungsansätze in Unternehmen mit funktionsorientierten Strukturen nicht zur vollständigen Erschließung aller vorhandenen Optimierungspotentiale [BULL97A]. Es zeigt sich dagegen, daß eine zu stark aufwands- und kapazitätsreduzierte Produktentwicklung Optimierungspotential in anderen Unternehmensbereichen reduziert und sich somit bezüglich des Erreichens des bestmöglichen Unternehmensgesamtergebnisses gegenläufig verhält (vgl. Abbildung 1).

In Zukunft muß nicht so sehr die Erfüllung der eigenen Aufgaben im Vordergrund stehen, sondern die optimale Erfüllung der Anforderungen nachgelagerter Unternehmensbereiche [EVER95], [PREF95]. Es gilt, das Verständnis der Kundenorientierung auf unternehmensinterne Kunden und Prozeßnachfolger zu übertragen. Interne Kunden-Lieferanten-Beziehungen zwischen den Bereichen Entwicklung und Produktion unterstützen dabei den minimalen Ressourceneinsatz bei der Bereitstellung innovativer und qualitativ hochwertiger Produkte.

In diesem Zusammenhang beschreiben auch Clark und Fujimoto [CLAR92] den hohen Einfluß der Prozeßintegration auf die Schaffung von Wettbewerbsvorteilen bei der Automobilentwicklung. Eine wirkungsvolle Produktentwicklung beinhaltet dabei eine komplexe Übersetzung der Produktinformation von externen Kunden zu Entwicklern, zur Produktion, zum Vertrieb und zurück zum externen Kunden. Das Bemühen eines Unternehmens um Übereinstimmung von Planungs- und Entwicklungsaktivitäten und externen Kundenbedürfnissen wird als *externe Integration* bezeichnet. *Interne Integrität* wird durch Konsistenz innerhalb des Entwicklungssystems und des Gesamtsystems aus Entwicklung und Produktion erreicht.

Eine nach den beschriebenen Prinzipien wirkende Produktentwicklungsorganisation beeinflußt dabei im positiven Sinne die drei Leistungsdimensionen *Time to Market*, *Gesamtproduktqualität* und *Produktivität*, was insgesamt zu einer überlegenen Konkurrenzsituation führt.

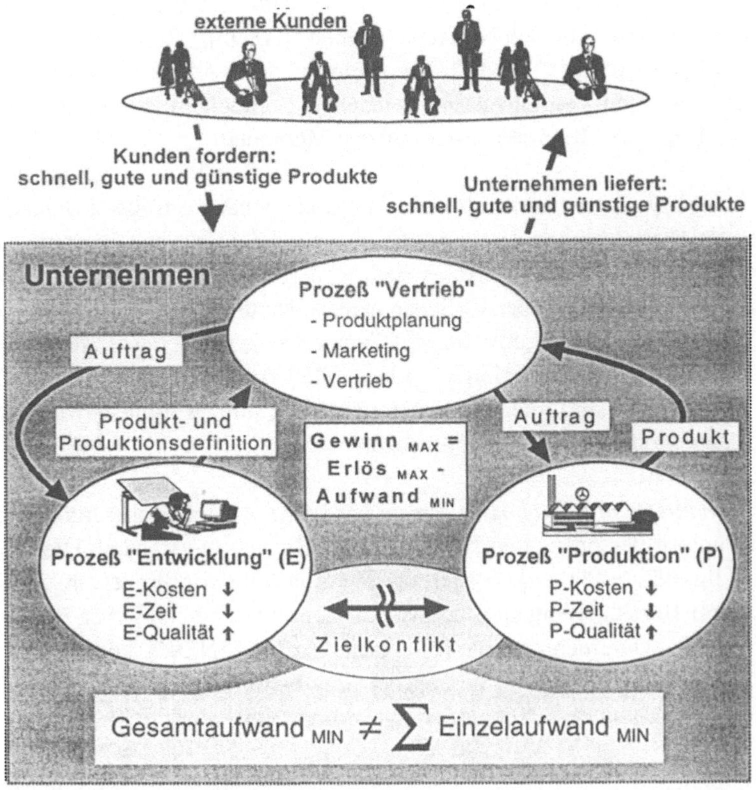

Abbildung 1: Geschäftsprozesse eines Unternehmens

Generell kann gesagt werden, daß gezielt Wege gesucht werden müssen, wie mittels einer ganzheitlichen Gestaltung der Unternehmensprozesse auch bei anhaltend schwierigen wirtschaftlichen und sozialen Randbedingungen am Standort Deutschland überlebensnotwendige Gewinnmargen erzielt werden können.

1.2 Begriffsdefinitionen

Als Grundlage für die weitere Methodendiskussion werden an dieser Stelle wesentliche Begriffe anwendungsspezifisch für die Betrachtung von Entwicklungsprozessen definiert und von anderen Interpretationen abgegrenzt.

1.2.1 Methodisches Prozeßmanagement

Eine Vielzahl von Autoren beschreibt das Umfeld und die Inhalte des Prozeß-Managements aus unterschiedlichen Sichten [AK95], [FROM93], [GAIT94], [GETT93], [HAIS91], [LEHN94]. Die nachfolgenden Ausführungen geben einen Ausschnitt der aktuellen Diskussion wieder und erleichtern somit das Einordnen der in den folgenden Kapiteln beschriebenen Methoden.

Als *Geschäftsprozesse* werden diejenigen grundlegenden erfolgsrelevanten Unternehmenstätigkeiten verstanden, die zur Umsetzung der Unternehmensziele und zur Sicherung des Unternehmenserfolgs beitragen [ELGA96]. Diese können ebenso als das Zusammenwirken betrieblicher materieller und immaterieller Ressourcen zum Zwecke der Erbringung einer Dienstleistung oder der Erzeugung eines bestimmten Produkts definiert werden [GETT93]. Typische Beispiele für Geschäftsprozesse sind die Produktentwicklung, die Auftragsabwicklung, die Fabrikplanung oder der Produktionsprozeß.

Unter *methodischem Prozeßmanagement* wird eine systematische und umfassende Handhabung in personen- und sachbezogener Hinsicht verstanden. Hierzu gehört die modellgestützte Planung, Steuerung und Kontrolle von Prozessen. Ziel ist die strukturierte Bereitstellung und permanente Optimierung moderner Prozesse zur Sicherung des Unternehmenserfolgs. Nach Winz [WINZ97] können durch das *Prozeßkettenmanagement* die Stärken der mitarbeiterorientierten Kaizen-Idee mit denen des revolutionären Reengineerings verbunden werden.

Zur erfolgreichen Durchführung eines Prozeßmanagements-Projekts müssen folgende Schritte durchlaufen werden (vgl. Abbildung 2):

- *Zielvereinbarung*: Zunächst erfolgt auf der Basis eines Projektmandats die eindeutige Festlegung des Betrachtungsgegenstands, der Projektziele sowie der Projektrahmenbedingungen. Hierzu zählen maßgeblich die Projektlaufzeit, das Budget und die Zusammensetzung des Projektteams mit der Zuordnung von Aufgaben- und Verantwortungsbereichen.

- *Strukturierte Erhebung*: Im Anschluß an die Projektdefinition macht sich der Modellschaffende (Prozeßmanager) den relevanten Ausschnitt der Realität durch Beobachtung und Befragung der Prozeßeigner (z. B. Produktentwicklung) und der Prozeßkunden (z. B. Produktion) bewußt.
- *Modellierung*: Die erfaßten Zusammenhänge werden auf die für die Betrachtung relevanten Aspekte reduziert, objektiviert und in ein rechnergestütztes Modell überführt.
- *Bewertung*: Der vierte Schritt umfaßt den Einsatz eines Bewertungsmodells zum Erkennen, Messen und Bewerten von Zielabweichungen. Bewertungskriterien dienen als Zielgrößen zur strategischen Neuausrichtung von Prozessen. Die Prozeßmodellierung und -bewertung werden im Rahmen der Prozeßgestaltung iterativ durchlaufen.

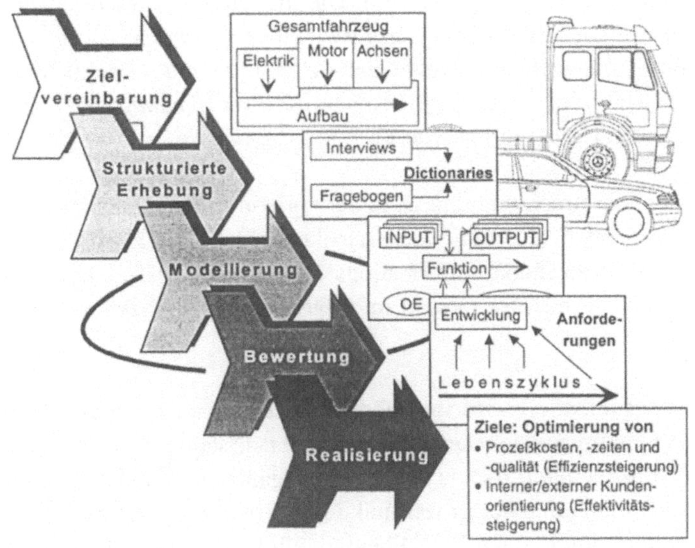

Abbildung 2: Schritte des methodischen Prozeßmanagements

- *Realisierung*: Abschließend gilt es, den auf der Modellebene generierten und ausgewählten Soll-Prozeß in die betriebliche Praxis zu überführen, den Soll-Prozeß entsprechend dem formalen Modell auszuführen und zu stabilisieren. Im Zusammenhang mit einer erfolgreichen Realisierung und Abwicklung von Prozessen spielen Workflowmanagement- und Groupware-Systeme eine zentrale Rolle [RATH96].

Während der praktischen Anwendung des methodischen Prozeßmanagements sind projekt- und unternehmensspezifische Anpassungen des Vorgehens möglich. So kann im Gegensatz zu einer Geschäftsprozeßoptimierung mit kontinuierlichem Charakter bei einer grundlegenden Prozeßneuplanung im Rahmen eines radikalen Business-Reengineering-Projektes [HAMM94], [HEIM97] die Erhebung der Ist-Zusammenhänge weitgehend entfallen. Stattdessen sind meist mehrere Soll-Konzepte vergleichend gegenüberzustellen. Die industrielle Praxis zeigt jedoch, daß gerade in Großunternehmen eine Vielzahl komplexer Randbedingungen eine systematische Auseinandersetzung mit existierenden Prozessen sinnvoll macht.

In diesem Zusammenhang schlägt Tegel [TEGE96] zur Optimierung von Produktentwicklungsprozesen vor, revolutionäre und evolutionäre Schritte zu kombinieren, um so durch Innovationssprünge als auch durch ständige kleine Verbesserungen die Konkurrenzfähigkeit zu sichern. Die im Kapitel 3 beschriebene Methode zum ergebnisorientierten Aufbau von Entwicklungsprozessen ist unabhängig von der gewählten Managementstrategie und unterstützt die verschiedenen Vorgehensvarianten. Für eine Vertiefung des Begriffs *Prozeßmanagement* sei an dieser Stelle auf Corsten [CORS96] verwiesen.

Eine umfassende Betrachtung und Optimierung von Entwicklungsprozessen erfordert die integrierte Behandlung der Aspekte Ablauf- und Aufbauorganisation sowie der unterstützenden Informationstechnologie. Diese drei elementaren Bestandteile eines Prozesses werden im folgenden als *Prozeßgestaltungsparameter* aufgefaßt.

Unter *Ablauforganisation* wird im Rahmen dieser Arbeit die logische Folge von Tätigkeiten (Funktionen) verstanden. Diese können sequentiell oder parallel verknüpft sein. Ein weiterer Aspekt der Ablauforganisation sind Schleifen, welche ein iteratives Durchlaufen der Prozeßfunktionen erlauben. Ferner wird der Prozeßumfang eindeutig durch einen Prozeßbeginn, ein Prozeßende sowie Schnittstellen zu tangierenden Prozessen bestimmt. Mit dem Begriff *Aufbauorganisation* eines Unternehmens wird seine dauerhaft wirksame aufgabenteilige organisatorische Struktur bezeichnet [BULL94]. Sie gibt u. a. an, welche Organisationseinheiten vorhanden sind und welche statischen Beziehungen zwischen diesen Einheiten formal existieren. In Ergänzung dazu kommt es im Kontext der Prozeßplanung auf die Zuordnung von Organisationseinheiten zu Prozeßfunktionen an. Dem Aspekt *Informationstechnologie* werden sowohl Datenobjekte als auch funktionsunterstützende Anwendungssysteme (Tools) zugeordnet. Datenobjekte in Form von

Dokumenten dienen im Entwicklungsprozeß zum einen zur Spezifikation und Dokumentation von Produkt- und Produktionseigenschaften und zum anderen zur Protokollierung von Entscheidungen. Darüber hinaus spielen sie im Kontext dieser Arbeit eine wichtige Rolle bei der Gestaltung der Entwicklungsumgebung.

1.2.2 Ergebnisorientierte Entwicklungsprozeßplanung

Im folgenden werden die Begriffe *Entwicklungsprozeß* und *Ergebnisorientierung* sowie *Ergebnisorientierte Entwicklungsprozeßplanung* näher spezifiziert und deren Bedeutung für die Praxis anhand eines Beispiels erläutert.

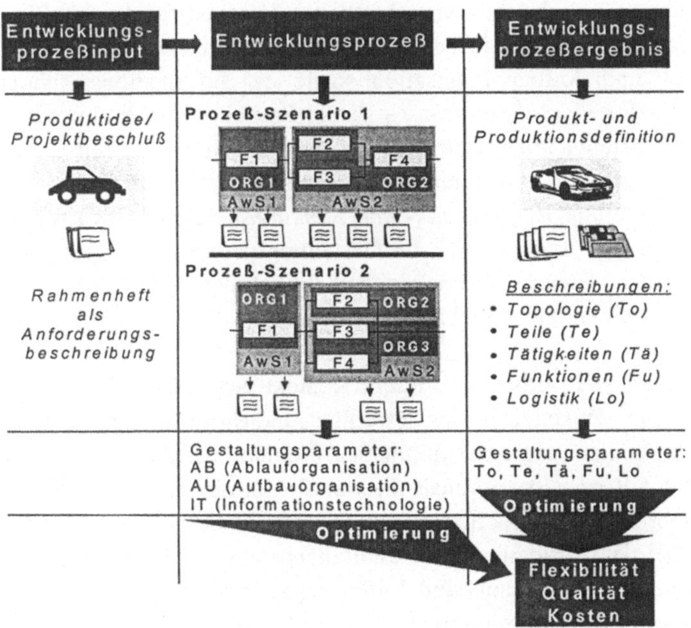

Abbildung 3: Entwicklungsprozesse als Planungsgegenstand

Planungsgegenstand im Rahmen dieser Arbeit sind die in Abbildung 3 schematisch dargestellten Prozesse zur Produktentwicklung. Sie zählen zu den zentralen Unternehmensprozessen. Der *Entwicklungsprozeß,* einschließlich der Aufgaben *Planung* und *Einkauf,* ist dabei maßgeblich für die Produkt- und Produktionsdefinition verantwortlich. Im Anschluß an die Produktentwicklung wird im Rahmen der Durchführung des Produktionsprozesses das Produkt hergestellt.

Während im allgemeinen unter einem Produkt sowohl ein physisches Produkt als auch eine Dienstleistung verstanden wird, werden in dieser Arbeit nur komplexe, technische Produkte mit physikalischen Ausprägungen behandelt, die bei hoher Stückzahl einen aufwandsintensiven Herstellungsprozeß mit sich bringen. Im Gegensatz dazu entzieht sich Software als immaterielles, jederzeit änderbares Produkt den gängigen Verfahren der Produktionstechnik, denn die Herstellung von Software-Produkten ist fast ausschließlich ein Entwicklungsprozeß [FUNK96].

Wie in Abbildung 3 ersichtlich wird, existiert zu Beginn des Entwicklungsprozesses ein *Prozeßinput* in Form einer Produktidee oder eines Projektbeschlusses. In diesem Stadium dient meist ein Rahmenheft als Anforderungsbeschreibung. Es enthält grobe technische und wirtschaftliche Vorgaben für das künftige Produkt. Der *Entwicklungsprozeß* selbst ist charakterisiert durch bestimmte Eigenschaften der Ablauf- und Aufbauorganisation sowie der Informationstechnologie. Das *Ergebnis* des Entwicklungsprozesses ist die Produkt- und Produktionsdefinition. Die im Entwicklungsprozeß getroffenen Festlegungen werden durch eine entsprechende Entwicklungsdokumentation repräsentiert. Diese setzt sich aus einer *Topologie-, Teile-, Tätigkeits-, Logistik- und Funktionsbeschreibung* zusammen (vgl. Abbildung 3). Ziel muß es sein, die Gestaltungsparameter sowohl des Prozesses als auch des Produktes so auszulegen, daß ein optimales Produkt hinsichtlich Produktkosten, -qualität und -flexibilität entsteht.

Ergebnisorientierung drückt in diesem Kontext den Anspruch aus, ausgewählte Entwicklungsprozeßketten in den jeweiligen Industrieunternehmen so zu gestalten, daß die Realisierung eines minimalen Produktionsaufwands unterstützt wird. Gleichzeitig gilt es, eine optimale Produktflexibilität und -qualität zu erzielen. Hierzu müssen die Anforderungen des Produktionsbereichs systematisch aufbereitet und bei der Auslegung der Gestaltungsparameter des Entwicklungsprozesses, welche durch die Ablauf- und Aufbauorganisation und die eingesetzte Informationstechnologie repräsentiert werden, entsprechend berücksichtigt werden [BULL97B]. Zur Verdeutlichung der Bedeutung einer ergebnisorientierten Ausrichtung von Entwicklungsprozessen wird exemplarisch die Entwicklung und Produktion von PKW-Kabelbäumen in einem Automobilunternehmen (vgl. Abbildung 4) herangezogen. Dort beträgt der jährliche Aufwand für den Entwicklungsprozeß nur ca. 4% des anschließenden jährlichen Produktionsaufwandes. Aus diesem Verhältnis läßt sich ableiten, daß im Umfeld des Entwicklungsprozesses ein Effizienzgewinn von 30% gleichwertig ist mit einem Effektivitätsgewinn von nur 1,2%. Unter *Effizienzgewinn* ist die Senkung der Entwicklungs- und Planungskosten bis zum Serienbeginn, unter *Effektivitätsgewinn* die Senkung der Material-, Fertigungs-, Logistik- und Montagekosten zu verstehen [BULL96A]. Das Verhältnis dieser möglichen Rationalisierungspoteniale unterstreicht die Forderung von Eversheim [EVER95], die Gestaltung von Entwicklungsprozessen mittels geeigneter Methoden primär an den Anforderungen nachgelagerter Unternehmensprozesse auszurichten.

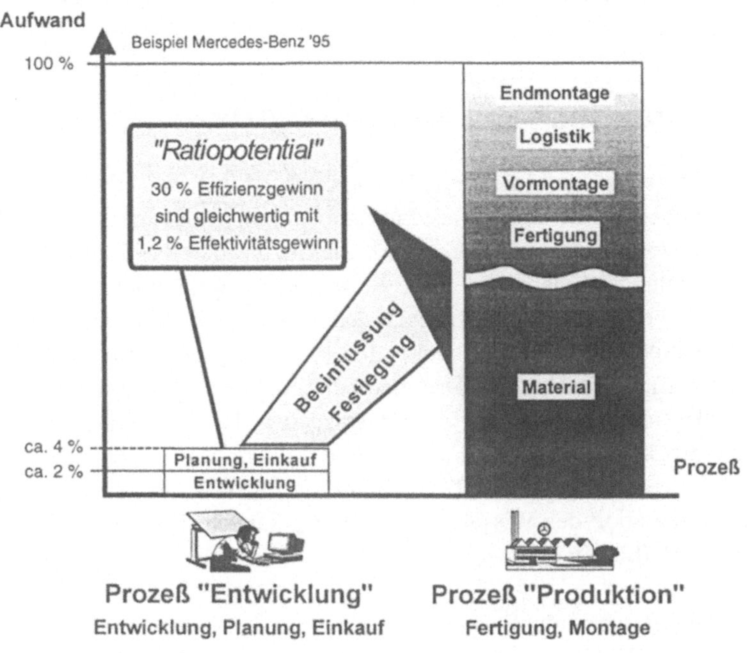

Abbildung 4: Bedeutung des Entwicklungsprozesses

Die Definition eines optimalen Entwicklungsergebnisses im Sinne des internen Prozeßnachfolgers *Produktion* garantiert, daß aufwandsminimal mit hoher Qualität produziert und somit der Unternehmensgewinn gesteigert werden kann. Das methodische Planen, Kontrollieren und Steuern von Entwicklungsprozessen nach diesem Denkschema wird als ergebnisorientiertes Entwicklungsprozeßmanagement definiert. Bei der *ergebnisorientierten Entwicklungsprozeßplanung* findet das allgemeine Vorgehen zum methodischen Prozeßmanagement Anwendung. Der Schwerpunkt liegt dabei auf der systematischen, methodengestützten Gestaltung zukünftiger Soll-Prozesse. Die Realisierung der Ergebnisse der Prozeßgestaltung wird im Rahmen dieser Arbeit nicht betrachtet.

Der beschriebene ganzheitliche Optimierungsanspruch setzt jedoch voraus, einen eventuellen lokalen Mehraufwand für den entsprechenden Entwicklungsprozeß in Kauf zu nehmen. In der industriellen Praxis zielen jedoch die Maßnahmen zur Optimierung der Entwicklungsprozesse vornehmlich darauf ab, die Entwicklungseffizienz zu steigern. Diese einseitige, tätigkeitsorientierte Betrachtung ist auch darauf zurückzuführen, daß es immer noch stark an modernen, teamorientierten Unternehmensstrukturen und der damit verbesserten Zusammenarbeit aller am Entwicklungsprozeß beteiligten Mitarbeiter mangelt [BULL95A].

1.3 Zielsetzung und Aufbau der Arbeit

Auf der Basis der geschilderten Problemstellung gilt es, eine modellbasierte Methode zu beschreiben, mit deren Einsatz die ergebnisorientierte Gestaltung von Entwicklungsprozessen ermöglicht wird. Ziel ist die Bereitstellung eines formalisierten Handlungsrahmens zur Ermittlung und Auswahl von Prozeßstrukturen, welche eine bedarfsgerechte, ergebnisorientierte Koordination, Kooperation und Kommunikation aller an der Produkt- und Produktionsdefinition beteiligten Entwicklungspartner unterstützen. Das methodische Konzept soll sich dabei auf die Leitgedanken der *integrierten Produktentwicklung* [BULL95C], [PAAS98] stützen und die Umsetzung eines *Concurrent Simultaneous Engineering* fördern [AMBR97], [BULL95D], [CART92], [REIN97], [SIMO94]. Zu unterstützen ist auch die Integration des Wissens entlang der gesamten Prozeßkette der Produktentstehung [BULL96B].

Das Verfahren wird als Bestandteil eines ganzheitlichen und durchgängigen Methoden- und Werkzeugsets zur Realisierung eines umfassenden *Development-Managements* [BULL97C], [ULR95] gesehen. Hierzu zählt die Entscheidungsunterstützung (Decision Support) sowohl bei der Gestaltung und Auswahl geeigneter Prozesse bezüglich Produktentwurf und -abstimmung (A) als auch bei der konkreten konstruktiven Auslegung (B) und Bewertung (C) von Produktkonzepten. Unter Punkt (B) wird dabei die Integration von Entwurfsmethoden (z. B. DFx-Ansätze) und Expertensystemen zur systematischen Auswahl von Konstruktionslösungen verstanden. Punkt (C) umfaßt Methoden und Werkzeuge zur methodischen Konzeptbeurteilung (C1) sowie zum Aufbau und Test physikalischer Prototypen (C2). In Ergänzung dazu erfordert die erfolgreiche Realisierung einer Produktentwicklung ein systematisches Entwicklungsprojektmanagement (D). Dieses bildet den organisatorischen Rahmen für den integrierten Einsatz formaler, strukturierter Lösungsansätze zur Produkt- und Prozeßentwicklung einerseits sowie arbeits- und personalwirtschaftlicher Verfahren zur Berücksichtigung humanbezogener Planungsaspekte (z. B. Arbeitszeit- und Motivationsmodelle, Qualifizierungsprogramme) andererseits. Die im Rahmen dieser Arbeit erfolgende Methodenentwicklung zu den Themenkomplexen A und C1 läßt sich dabei systematisch in die nachfolgenden Schritte gliedern (vgl. Abbildung 5):

Zunächst werden in einer *Analysephase*, aufbauend auf der Problemstellung in der Praxis, wesentliche Begriffe im Umfeld des Prozeßmanagements erläutert. Herausgearbeitet wird die Notwendigkeit zur ergebnisorientierten Entwicklungsprozeßplanung sowie die Zielsetzung und der Aufbau der gesamten Arbeit (Kapitel 1).

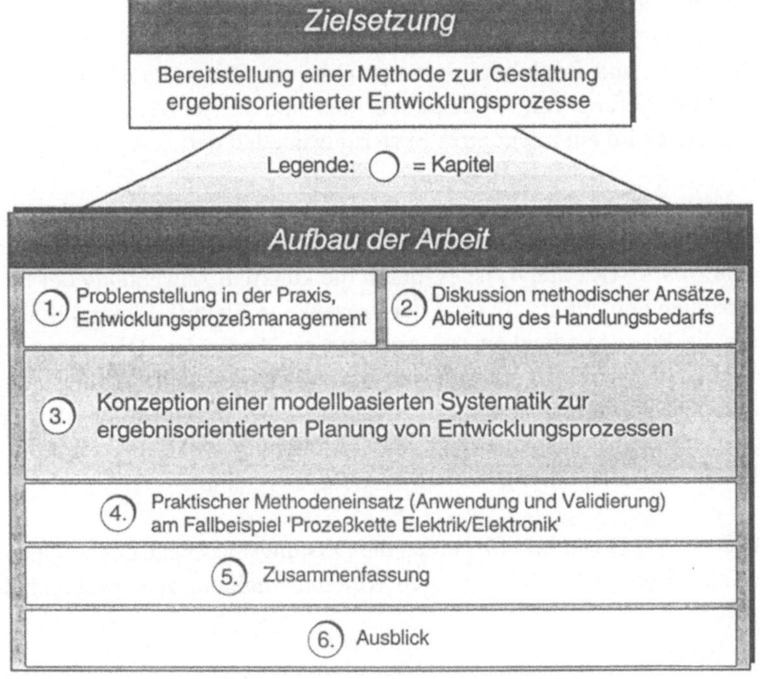

Abbildung 5: Aufbau der Arbeit

Im Anschluß daran werden unterschiedliche Verfahren zur Unterstützung der Produktentwicklung diskutiert (Kapitel 2). Ein besonderer Schwerpunkt wird dabei auf Ansätze gelegt, die eine quantitative Bewertung von Entwicklungsprozessen bei der Prozeßplanung ermöglichen. In Ergänzung dazu werden existente Modellierungsansätze sowohl für Prozesse als auch für Produkte auf die Möglichkeit einer Integration in das zu entwickelnde methodische Gesamtkonzept untersucht.

Auf der Basis des abgeleiteten wissenschaftlichen Handlungsbedarfs wird in einer anschließenden *Synthesephase* (Kapitel 3) ein modellbasiertes Konzept zur ergebnisorientierten Gestaltung von Entwicklungsprozessen entwickelt. Hierfür werden in einem ersten Schritt die notwendigen Methodenbausteine charakterisiert und durch die Beschreibung eines Vorgehensmodells logisch miteinander verknüpft. Im zweiten Schritt werden die verschiedenen Modelle detailliert beschrieben. Hierzu zählt ein auf der Basis der ARIS-Architektur entwickeltes Prozeßmodell-Feinkonzept, welches alle notwendigen Prozeßvariablen zur ergebnisorientierten Prozeßbewertung enthält. In einem zweistufigen erweiterten Produktmodell werden alle entwicklungs- und produktionsseitigen Anforderungen an das zu entwikkelnde Produkt- und Produktionskonzept abgelegt. Zur systematischen Beurteilung und Optimierung von Produktkonzepten und den dazugehörigen Entwicklungsprozessen wird ein integriertes Bewertungsmodell definiert.

Schon während der Synthesephase wird auf einen höchstmöglichen Praxisbezug bei der Definition von methodischen Randbedingungen geachtet. Schwerpunkt der *Validierungsphase* (Kapitel 4) ist es, durch die konkrete Anwendung der Methode im industriellen Umfeld am Beispiel der Prozeßkette Elektrik/Elektronik im Automobilbau die Praxistauglichkeit des Ansatzes zu überprüfen. Hierzu wird exemplarisch ein integriertes Ist-Prozeßmodell für die Produktentwicklung aufgebaut und anschließend ergebnisorientiert bewertet. Eine Interpretation der Prozeßbewertungsergebnisse zur Ableitung von Optimierungsansätzen erfolgt dabei auf der Basis einer parallel durchgeführten Produktbewertung.

Abschließend (Kapitel 5 und 6) werden die Leistungsmerkmale der aufgespannten Methode sowie Möglichkeiten zur deren Weiterentwicklung zusammengefaßt.

2 Stand der Technik

Die Konzeption einer Methode zur Gestaltung von ergebnisorientierten Entwicklungsprozessen macht es zunächst erforderlich, den derzeitigen Stand der Wissenschaft zu dieser Thematik aufzuzeigen. Nur mit der Kenntnis der in der Literatur diskutierten Ansätze ist es möglich, einen Bezugsrahmen zu definieren und den wissenschaftlichen Handlungsbedarf zu erkennen.

Im Vordergrund dieses Kapitels steht hierzu die Untersuchung bestehender Lösungsansätze im Umfeld der industriellen Produktentwicklung. Besonders beleuchtet werden dabei methodische Bewertungsansätze. Nach Lenk [LENK94] stellen Bewertungsmethoden Handlungsanweisungen für Bewertungsvorgänge dar, mit dem Ziel, den Anwender bei der Entscheidungsfindung zu unterstützen oder gefällte Entscheidungen nachvollziehbar zu dokumentieren. Darüber hinaus wird im folgenden ein Überblick über gängige Methoden zur Modellierung von Prozessen und Produkten gegeben.

Im Anschluß an die Erläuterung einer Auswahl differierender Vorgehensweisen werden diese im Hinblick auf ihre Anwendbarkeit und ihren Beitrag zu einer ergebnisorientierten Ausrichtung von Entwicklungsprozessen gemäß der vorgegebenen Zielsetzung überprüft.

2.1 Bewertungsansätze im Umfeld der Produktentwicklung

Die Auswahl geeigneter Prozeßszenarien für die Produktentwicklung nach dem Prinzip der Ergebnisorientierung erfordert speziell die Untersuchung existenter Bewertungsverfahren. Hierbei stehen eine Vielzahl *sowohl technisch-gestaltungsorientierter* als auch *betriebswirtschaftlich-controllingorientierter Ansätze* zur Verfügung [NOHE95B].

Zum einen steht dabei der *Entwicklungsprozeß* selbst mit seinen charakteristischen Merkmalen Aufbauorganisation, Ablauforganisation und IT-Unterstützung im Mittelpunkt der Betrachtung. Zum anderen kommen Bewertungsmethoden und -verfahren zum Einsatz, die sich auf das *Prozeßergebnis*, nämlich das Produkt, dessen Akzeptanz am Markt letztendlich den Erfolg eines Unternehmens bestimmt, beziehen.

2.1.1 Technisch-gestaltungsorientierte Ansätze

Gemeinsames Merkmal dieser Ausprägung von Bewertungsansätzen ist eine ingenieurwissenschaftliche Perspektive auf die Zusammenhänge. Dies ist meist mit der Existenz detaillierter Modelle sowie einem konstruktiven Gestaltungsanspruch verknüpft.

2.1.1.1 Bewertung von Entwicklungsprozessen und Rechnerinvestitionen

Zur Auswahl und Einführung von CAD-Systemen stellt C. Müller [MÜLC94] einen modellbasierten Planungsansatz vor, welcher die Prozeßketten- und die Systemplanung im Bereich der Produktgestaltung unterstützt. Wesentliche Bestandteile der Schwachstellenanalyse sind neben der Prozeßkettenerhebung, die Zielanalyse sowie die Abweichungs- und Ursachenanalyse. Nach der Lokalisierung potentieller Schwachstellen, durch einen Vergleich von Ist- und Soll-Größen bezogen auf die Kennzahlen *Vorgangskosten*, *Flexibilität/Durchlaufzeit*, *Produktivität* und *Qualität*, findet die eigentliche Prozeßbewertung zur Identifikation der Schwachstellenursachen statt. Hierzu werden technologieorientierte Kennzahlen zur Charakterisierung der Prozeßkette definiert. Beispiele sind u. a. die Kennzahl *Informationsqualität*, *Automatisierungsgrad*, *Parallelisierungsgrad* und *Systemnutzungsgrad*. Durch den Einsatz tätigkeitsorientierter Bewertungskennzahlen legt Müller den Schwerpunkt auf die Identifikation von Maßnahmen zur Effizienzsteigerung. Eine Berücksichtigung des Ergebnisses der Produktentwicklung zur Prozeßbeurteilung und -gestaltung findet nicht explizit statt.

Ebenfalls im Bereich der Planung von Produktentwicklungsabläufen angesiedelt ist die Arbeit von Saretz [SARE93]. Eine prozeßorientierte Analyse, Darstellung und Bewertung von Ablauf- und Aufbaustrukturen dient hierbei als Unterstützung bei der Reorganisation der Produktentwicklung. Erste Aussagen über existierende Schwachstellen oder Problembereiche trifft Saretz auf der Basis einer Bewertungsmatrix nach Hemmert [HEMM85]. Hierbei kommt es zu einer Gegenüberstellung von Ausprägungen der erfaßten Abläufe in Form von qualitativen Bewertungskriterien und Ursachen der jeweiligen Ausprägungen. Im Anschluß daran erfolgt eine Konkretisierung und Verifikation der Aussagen mittels quantitativer Kennzahlen. Die Auswertung der Kennzahlen in Kombination mit einem Maßnahmenkatalog bildet die Grundlage für die Festlegung organisatorischer Verbesserungsvorschläge, die zu einer Parallelisierung und somit zu einer Zeitoptimierung der Abläufe führen.

Ähnlich wie bei Müller [MÜLC94] kann auch hier aufgrund der inhaltlichen Ausprägung der verwendeten Bewertungskriterien, wie z. B. *Prozeßkoordination*, *Parallelisierungsgrad* oder *Planungsiterationen* keine Aussage darüber getroffen werden, inwieweit der neu strukturierte Prozeß für die Umsetzung produkt- und produktionsrelevanter Eigenschaften geeignet ist. Die Schwachstellenidentifikation und Ablaufoptimierung stützt sich lediglich auf effizienz- oder tätigkeitsorientierte Bewertungsgrößen. Erst im weiteren Verlauf der Arbeit erfolgt der Übergang zu einer ergebnisorientierten Betrachtungsweise. Hierzu werden die auf der Basis der oben beschriebenen Methode optimierten Produktentwicklungsabläufe zu einem unternehmensspezifischen, produktneutralen Entwicklungsplan verdichtet. Produktneutral heißt in diesem Zusammenhang, daß der Entwicklungsplan für alle neu zu entwickelnden Produkte eines Typs gilt. Wesentliche Elemente des Plans sind Meilensteine für verschiedene Phasen, die verbindliche Ergebnisse festschreiben. Bei Saretz erfolgt somit zum einen ein Ergebnisabgleich nur an Meilensteinen und nicht nach jeder Prozeßfunktion, zum anderen wird der Begriff *Ergebnisorientierung* mehr im Sinne eines Projektcontrolling verstanden und konzentriert sich weniger auf die Erfüllung von ergebnisbezogenen Gestaltungsregeln durch einzelne Prozeßelemente.

Zur Absicherung von Investitionsentscheidungen im Umfeld der Produktion entwickelt Mayer [MAYE94] eine Vorgehensweise zur Bewertung von Rechnerinvestitionen. Mayer versteht dabei unter Produktion den gesamten Prozeß der Produkterstellung von der Konstruktion bis zur Endmontage des gefertigten Produkts. Mit dem Bewertungsmodell wird die Wirkung von Rechnerinvestitionen auf die gesamte Wertschöpfungskette abgebildet. Auf der Basis eines Produktivitätsindikators können die relativen Zeiteinsparungen je Produktionsfunktion und Arbeitsplatz berechnet werden, die durch die Rechnerunterstützung im Rahmen eines Investitionsvorschlags bewirkt werden. Die so erhaltene Durchlaufzeitverkürzung bildet die Grundlage für die eingesparten Kosten.

Ausgehend von der Notwendigkeit, Geschäftsprozesse neu zu definieren, zu strukturieren und zu organisieren fordert Fromm [FROM93] den Einsatz von Methoden, welche die Auswahl von Verbesserungsvorschlägen durch eine quantitative Bewertung unterstützen. Hierzu schlägt er die dynamische Modellierung von betrieblichen Prozessen vor. Somit ist es möglich, Ressourcen, Auftragsvolumen, zufällige Einflußgrößen und zeitliche Abhängigkeiten in die Betrachtung mit einzubeziehen. Im Hinblick auf eine möglichst umfassende Beurteilung von Veränderungen in Unternehmen stellt diese praxiserprobte Vorgehensweise bezüglich einer tätigkeits- oder prozeßorientierten Betrachtungsweise eine sinnvolle Erweiterung bisheriger statischer Ansätze dar. Der Einsatz einer dynamischen Prozeßmodellierung deckt jedoch nicht die Fragen und Aussagen ab, welche mit einer ergebnisorientierten Bewertung gestellt und getroffen werden können.

Grundlage der prozeßorientierten Reorganisation der Auftragsabwicklung ist bei Tränckner [TRÄN90] ein multifunktionales Prozeßmodell auf der Basis einer normierten Beschreibungssprache. Im Anschluß an eine detaillierte Prozeßanalyse erfolgt eine Schwachstellenanalyse sowie eine Maßnahmenableitung. Das sogenannte *Ressourcenmodell* dient zur Bewertung der Geschäftsprozesse hinsichtlich der prozeßorientierten Zielgrößen *Durchlaufzeit*, *Kosten* und *Qualität* [MÜLS92]. Das Ressourcenverfahren ermöglicht die differenzierte Abbildung des Werteverzehrs durch kostenrelevante Parameter, die dem Produkt direkt zugeordnet werden können. Das Vorgehen bezüglich der Optimierung von Produktentwicklungsprozessen basiert im wesentlichen auf der oben diskutierten Arbeit von Saretz.

R. Müller [MÜLR94] stellt ein Verfahren vor, das die Planung auftragsbezogener Organisationsstrukturen in indirekten Unternehmensbereichen unterstützt. Er offeriert die Möglichkeit, den wirtschaftlichen Nutzen von Umstrukturierungsmaßnahmen monetär zu quantifizieren. Durch die Differenzierung von wertsteigernden und wertneutralen Prozeßzeiten, der Bewertung paralleler Abläufe sowie der Ermittlung monetärer Einsparungspotentiale berücksichtigt das diskutierte Bewertungsverfahren wesentliche tätigkeitsorientierte Planungsaspekte eines Prozesses.

Die Notwendigkeit von Methoden und Werkzeugen zur Unterstützung der *Integrierten Produktentwicklung* wird in den Arbeiten von Stuffer [STUF94] und Ambrosy [AMBR97] verdeutlicht. Stuffer stellt einen Planungs- und Steuerungsansatz für Entwicklungsprozesse vor. Er verknüpft dabei Konzepte zur phasen- und ergebnisorientierten Planung. Ergebnisorientierung wird auch an dieser Stelle nicht umfassend, sondern lediglich im Zusammenhang mit einer Meilensteinbetrachtung interpretiert. Auf eine detaillierte Prozeßmodellierung wird in diesem Kontext verzichtet. Primäres Ziel der Arbeit von Ambrosy ist die Verbesserung der Produktentwicklung durch die Beschreibung und Integration des *Interaktiven-Protokoll-und-Analyse-Systems IPAS*. In Kombination mit dem *Konstruktionsarbeitsplatz INKA* werden prozeßbegleitende Situationsanalysen ermöglicht. Hierbei wird jedoch nur indirekt die Prozeßgestaltungsaufgabe im Sinne dieser Arbeit aufgegriffen.

Sowohl Neuscheler [NEUS95] als auch Hanewinckel [HANE94] entwerfen Ansätze zur quantitativen Bewertung von Geschäftsprozessen als Hilfsmittel für die Geschäftsprozeßoptimierung. Neuscheler geht von der Notwendigkeit einer umfassenden Unternehmensmodellierung aus und definiert in Ergänzung zu existierenden Modellierungskonzepten ein Modell der ökonomischen Sicht. Innerhalb der ökonomischen Sicht werden Optimierungsziele auf Kennzahlen abgebildet. Auch Hanewinckel greift auf detaillierte Kennzahlen zur Bewertung von analysierten Geschäftprozessen in den planenden und verwaltenden Unternehmensbereichen zurück. Im Vordergrund statischer und dynamischer Auswertemöglichkeiten stehen hauptsächlich Kosten- und Zeitaspekte des jeweiligen Prozesses. Beide Ansätze beschäftigen sich intensiv mit der Frage einer Planungsunterstützung durch systematische Prozeßbewertungen. Die Arbeiten behandeln nur allgemeine Anforderungen an die Prozeßoptimierung. Dies gilt analog für den Aspekt der Ergebnisorientierung.

Im Zusammenhang mit der Einführung eines prozeßorientierten Qualitätsmanagements entwickelt Prefi [PREF95] ein Modell zur ingenieurmäßigen Gestaltung von Geschäftsprozessen. Prefi betont dabei die Notwendigkeit, Prozesse gezielt an dem Forderungsprofil interner und externer Kunden auszurichten. Als wesentliches Methodenelement wird eine Prozeß-Struktur-Matrix aufgebaut. Diese erlaubt die Darstellung und Beurteilung der Komponenten des Geschäftsprozesses sowie die Einsatzplanung präventiver Qualitätstechniken als Voraussetzung für deren Integration in die Prozeßkette. Fokussiert werden maßgeblich aufbau- und ablauforganisatorische Prozeßaspekte. Eine Problemerfassung und -lösung im Hinblick auf die Gestaltung der prozeßrelevanten Informationstechnologie findet hingegen nur geringe Berücksichtigung.

Golm [GOLM96] entwickelt einen Ansatz zur Optimierung von Produktentwicklungsprozessen. Der Schwerpunkt seiner Arbeit liegt in der Gestaltung und Integration von Entscheidungsstrukturen. Golm definiert ein hierarchisches Kennzahlensystem zur Geschäftsprozeßbewertung. So können beispielsweise auf der Basis der Kennzahlen *Duchlaufzeit*, *Parallelisierungsgrad*, *Entscheidungsgrad*, *Datenkompatibilitätsgrad* und der *Ressourcennutzungsgrad* quantitative Aussagen über die Prozeßzeit getroffen werden. Durch eine Prozeßsimulation lassen sich Aussagen hinsichtlich der Robustheit von Prozessen treffen. Die Umsetzung des methodischen Konzepts wird durch das Planungswerkzeug PEPSY unterstützt. Ebenfalls methodische Unterstützung bei der Organisation von Produktentwicklungsprozessen leistet Tegel [TEGE96] durch seine Arbeit. Hierzu wird ein Vor-

gehen zur Produkt- und Prozeßanalyse und -restrukturierung dargestellt. Darüber hinaus wird ein Konzept zur modularen Prozeßorganisation entwickelt, um Prozeßstrukturen schnell und flexibel an sich ändernde äußere Einwirkungen anzupassen. Bewertungskriterien werden nicht formal beschrieben.
Sowohl die Arbeiten von Golm als auch von Tegel fördern eine ergebnisorientierte Ausrichtung von Entwicklungsprozessen. Für eine umfassende Ausschöpfung aller vorhandenen Optimierungspotentiale ist es jedoch notwendig, Produkt- und Prozeßparameter konsequenter zu verknüpfen.

Zur Unterstützung der Einführung einer Concurrent-Engineering-Entwicklungsumgebung schlagen Carter und Stilwell Baker [CART92] Anfang der 90er Jahre eine toolgestützte Bewertungssystematik vor. Die Anwendung erlaubt die Betrachtung und Charakterisierung der vier Dimensionen *Organization*, *Communication Infrastructure*, *Requirements* und *Product Development* im jeweiligen Unternehmen. Der Ansatz basiert dabei auf Arbeiten der *Department of Defense CALS/CE Task Group for Electronic Systems Self Assessment* [AK91] und dem *Capability Maturity Model (CMM)* [HUM89]. Ferner werden Elemente des *Software Engineering Institute (SEI) Assessment Questionaire for Software Processes* der Carnegie Mellon University und des *Mentor Graphics Corporation Process Maturity Assessment Questionaire* kombiniert. Letzterer eignet sich speziell zur Beurteilung von Elektrik/Elektronik-Entwurfsprozessen. Den Ausgangspunkt bilden in verschiedene Kategorien eingeteilte Ja/Nein-Fragen [OV93]. Zentrale Bewertungsgröße ist dabei der *Process Maturity Benchmark (PMB)*, welcher einen Indikator für die Prozeßreife darstellt. Der PMB unterstützt Unternehmen die Leistung von Entwurfsprozessen zu messen und zeigt vor allem relative Trendentwicklungen im Rahmen einer Prozeßveränderung an.

In Ergänzung zu dem von Carter und Stilwell Baker vorgeschlagenen Assessment-Verfahren diskutiert de Graaf [GRAA96] vier weitere US-amerikanische und europäische Bewertungsansätze für die Produktentwicklung. Nach einer qualitativen Gegenüberstellung der Verfahren *Simultaneous Engineering Gap Analysis (SEGAPAN)*, *Practical Approach to Concurrent Engineering (PACE)*, *Readiness Assessment for Concurrent Engineering (RACE)* und *Extended RACE (ERACE)* wählt de Graaf den RACE-Ansatz für eine Praxisuntersuchung aus. Darauf aufbauend erfolgt die methodische Weiterentwicklung zu *RACE II*. Damit steht eine levelbasierte Systematik zur Visualisierung und Beurteilung von zehn Prozeß- (z. B. Customer Focus, Team Formation) und sechs Technologiedimensionen (z. B. Information Sharing, Application Tools) zur Verfügung. Ermöglicht wird die Identifizierung von technischem und organisatorischem Verbesserungspotential, eine eindeutige Lokalisierung der betroffenen Prozeßstellen kann jedoch aufgrund des nicht vorhandenen Entwicklungsprozeßmodells nicht erfolgen.

Innerhalb des Rahmenkonzeptes Produktion 2000 des BMBF geht es im Forschungsverbundprojekt *GiPP* derzeit in verschiedenen Projektgemeinschaften um die *Geschäftsprozeßgestaltung mit integrierten Prozeß- und Produktmodellen* [HOF98]. Neben anwendungsorientierten Arbeitsfeldern existieren Querschnittsthemen, welche übergreifende Fragestellungen der Arbeitsfelder behandeln. Wesentliche Bausteine der laufenden Arbeiten sind die Abbildung realer Geschäftsprozesse in Modellen, die Bewertung, Analyse und Auswahl realisierbarer Lösungen, die Gestaltung zukünftiger Prozesse mit Modellen, die Umsetzung und Einführung neuer Geschäftsprozesse sowie eine Rückkopplung aus real ausgeführten Prozessen mit einer Messung des Zielerreichungsgrades. Die Bewertung von aktuellen Prozeßzuständen zur Gestaltung von Unternehmensprozessen wird methodisch im Querschnittsthema 1.3 behandelt [GEHR98]. Diskutiert und charakterisiert werden in diesem Zusammenhang sowohl kennzahlen- als auch simulationsbasierte Modelle zur Bewertung von Entwicklungs-, Logistik- und Angebotsprozessen. Zur Optimierung der Produktentwicklung wird eine Orientierung der Prozesse an der Struktur des zu erstellenden Produkts angestrebt. Eine abschließende Klassifizierung entsprechender Bewertungsansätze für kreative Entwicklungsprozesse [EMM98] ist aufgrund der noch nicht abgeschlossenen Arbeiten in den einzelnen Projektgemeinschaften nicht möglich.

Weitergehende Recherchen über europäische Aktivitäten zum Thema *Produktentwicklung* und *Prozeßmanagement* auf Basis der Datenbank *CORDIS* (Community Research and Development Information Service) führten im wesentlichen zu Arbeiten innerhalb der Domain 8 (Integration in Manufacturing) des europäischen Förderprogramms *ESPRIT* [FILO98]. Eine Auswahl von den insgesamt weit über 150 Projekten (z. B. CEDAS, OPAL, ORBIT, VEGA) fokussiert die Entwicklung neuer Informationstechnologien und Arbeitsweisen, welche sich besonders für eine Prozeßunterstützung im Engineering-Bereich eignen. Das Projekt *Enterprise Integration-International Consensus (EI-IC)* [KOSA97] weist im Schwerpunkt Arbeiten zur Unternehmensintegration und zur Standardisierung im Bereich der Unternehmensmodellierung aus. Ferner wird eine Konsensbildung zwischen europäischen und US-amerikanischen Arbeiten, z. B. des NIST (National Institute of Standards and Technology), gefördert. So werden z. B. für die Umsetzung der integrierten Produktentwicklung Referenzmodelle [EVER97] und für die integrierte Modellnutzung im Bereich Geschäftsprozeßmodellierung, Simulation und Workflow-Management leistungsstarke Modellierungssprachen und Implementierungstechniken vorgeschlagen [BREM97], [BRUN97]. Aus den zahlreichen beschriebenen Projektskizzen gehen jedoch keine konkreten Methoden und Modelle hervor, welche eine ergebnisorientierte, kennzahlenbasierte Bewertung von Produktentwicklungsprozessen im Hinblick auf die Lokalisierung und Quantifizierung von technischem und organisatorischem Prozeßoptimierungspotential ermöglichen.

2.1.1.2 Bewertung von Maßnahmen zur Produktentwicklungszeitverkürzung

Im Mittelpunkt der Arbeit von Ochs [OCHS92] steht die Entwicklung einer methodischen Vorgehensweise zur Durchführung von Zeitverkürzungsprojekten im Bereich der industriellen Entwicklung. Bestandteil des Verfahrens ist die Erarbeitung einer hierarchischen Struktur von Maßnahmen zur Verkürzung der Produktentstehungszeit, welchen im Rahmen einer qualitativen Bewertung ein relatives Verkürzungspotential zugeordnet wird. Ziel der anschließenden quantitativen Bewertung ist die Ermittlung der Effizienz der durch die Maßnahmen verursachten Kosten. In Ergänzung dazu werden Organisationsstrategien zur Gestaltung von Produktentstehungsprozessen vorgestellt und mit dem Verfahren ZEBO einer zeitorientierten Bewertung unterzogen.
Die Bewertung von Beschleunigungsmaßnahmen im Rahmen der Neugestaltung von Entwicklungsprozessen steht analog zu Ochs ebenso bei Glück [GLÜC95] im Vordergrund. Produktentwicklungsprozesse nach dem in Kapitel 1 dieser Arbeit beschriebenen Verständnis werden in diesem Zusammenhang nicht bewertet.

Zur Unterstützung der Zeitwirtschaft in der Konstruktion entwickelt Dorner [DORN93] ein Verfahren zur Beurteilung der Wirksamkeit organisatorischer Maßnahmen. Er gibt dem betrieblichen Entscheidungsträger ein Instrument an die Hand, das auf qualitativen Aussagen aufbaut und quantitative Aussagen liefert. Die Vorteile verbaler Abschätzungen werden mit den Vorteilen mathematischer Modelle verbunden. Das Zielsystem umfaßt hierbei die Ziele *geringe Auftragsdurchlaufzeit*, *hohe Termintreue* und *hohe auftragsbezogene Kapazitätsauslastung*. Aufbau- und Ablauforganisation werden als Einflußgrößen auf die genannten Ziele definiert. Der Einsatz organisatorischer Hilfsmittel in Form von CAD-Systemen, PPS-Systemen oder auch Konstruktionsrichtlinien wird nur indirekt berücksichtigt. Ergebnis der Bewertungsmethode sind Nutzengrößen, die als Argumentationsgrundlage für Investitionsentscheidungen dienen können.

2.1.1.3 Verfahren zur Planung und Bewertung von Produkten

Auf der Basis der Tatsache, daß in der Vergangenheit oft Produkte entwickelt wurden, welche nicht den Interessen und Wünschen der Kunden entsprachen, entstand die Forderung nach einer konsequenten unternehmerischen Umsetzung der durch Marktanforderungen resultierenden Zielgrößen. Hierzu werden im folgenden in Anlehnung an Jahn [JAHN94] einige vorhandene Ansätze beschrieben:

Beim sogenannten *Target Costing* gilt es, auf der Basis der vom Marktpreis abgeleiteten Zielkosten für das Produkt, detaillierte Kostenziele für die zu entwickelnden Komponenten vorzugeben. Mit dem *Target Timing* soll sichergestellt werden, daß der geplante Markteintrittstermin erreicht wird. Letztendlich wird unter *Target Quality* das Ziel der Kunden- bzw. Marktkonformität verstanden. Ausgehend von der Erkenntnis, daß am Ende der Produktplanung die Erfüllung der Qualitätsanforderungen, die Termine und die Produktkosten weitgehend festgelegt sind, wurde ein Methodenkonzept zur *Integrierten Produktplanung (IPP)* entwickelt. Dies gliedert sich in die drei Planungsphasen *Produktstrategie-*, *Produktprofil-* und *Produktkonzeptplanung*. Als zentrale Systematik kommt das Instrumentarium *Quality Function Deployment (QFD)* zum Einsatz. Das QFD bedient sich einem System von Matrizen, die sicherstellen, daß Kundenanforderungen konsequent über die Definition der funktionalen Produktmerkmale bis zur Definition der Fertigungsprozesse umgesetzt werden. Prasad [PRAS97] stellt in diesem Zusammenhang das *Concurrent Function Deployment (CFD)* als mehrdimensionale Weiterentwicklung des QFD vor. Hierbei handelt es sich ebenfalls um eine methodische Planungssystematik zur Auswahl von Produkt- und Prozeßcharakteristiken, jedoch finden hier, neben dem Aspekt *Quality (Functionality)*, die Parameter *X-ability (Performance)*, *Tools & Technology*, *Cost*, *Responsivness (Time-to-Market)* und *Infrastructure* integriert Berücksichtigung. Zur Ermittlung der Kundenpräferenzen hinsichtlich bestimmter Produkteigenschaften wird die *Conjoint-Analyse*, ein Instrument der Marktforschung, vorgeschlagen [JURA93], [SCUB91], [SEID93].

Design for Assembly (DFA) entspricht weitgehend der montagegerechten Entwicklung und Konstruktion. Es trägt dazu bei, daß möglichst viele Kundenwünsche mittels Modularisierung zu günstigen Kosten und geringem Zeitaufwand geliefert werden können. Auf der Basis einer Analyse des bestehenden Produktes können montagefreundliche Gesamtkonzeptionen dargestellt werden [BÄßL88], [BOOT91], [RICM92], [WARS94].

Vor dem Hintergrund einer weitgehenden Automatisierung der Montage stellt Bäßler [BÄßL88] eine integrierte Vorgehensweise zur Unterstützung der montagegerechten Produktgestaltung zur Verfügung. Systematisch wurden alle Einflußfaktoren auf die Montagegerechtheit erfaßt und als Grundlage für die Erarbeitung von Gestaltungsregeln, Checklisten und Bewertungsverfahren herangezogen. Nach der Ermittlung von Kennwerten für die Montagegerechtheit werden konkrete Hinweise auf die Verbesserung der Konstruktionen gegeben. Durch die Bereitstellung dieser Methodik wird die Berücksichtigung der montagetechnischen Belange während aller Phasen und Tätigkeiten des Konstruktionsprozesses ermöglicht.

Design for Manufacture (DFM) entspricht weitgehend der fertigungsgerechten Entwicklung einzelner Teile oder Baugruppen. Das Konzept hilft das Produkt so zu entwickeln, daß es schnell, kostengünstig und mit hoher Qualität zu produzieren ist [BOOT83], [WARS94]. Die Methoden *Design for Quality* und *Design to Cost* ermöglichen die betriebliche Umsetzung der Kundenwünsche hinsichtlich Qualität (vgl. Target Quality) und Kosten (vgl. Target Costing) [WARS94]. Des weiteren unterstützen einfache *Heuristiken* und *Regeln* das Entwickeln und Konstruieren wie z. B. *Gut-Schlecht-Beispiele* [BIND94], [EHRL85].

Ziel der *FMEA (Failure Mode and Effects Analysis)* ist es, eine Abschätzung des Fehlerrisikos bei Produkten wie auch bei Prozessen durchzuführen, um gezielt Gegenmaßnahmen ergreifen zu können [BLÄS87], [FRAN89], [LENK94]. Potentielle Fehlermöglichkeiten werden hinsichtlich ihrer Auftretenswahrscheinlichkeit, der Bedeutung ihrer Folgen für den Benutzer oder Anwender sowie der Wahrscheinlichkeit der Fehlerentdeckung vor Inbetriebnahme bewertet. Die drei Einzelurteile führen zu einer Risiko-Prioritätszahl, die eine Gesamtbeurteilung des Fehlers darstellt. Fehlermöglichkeiten mit hoher Priorität sind vorrangig für Verbesserungsmaßnahmen vorzusehen. Die FMEA wird hauptsächlich für die Betrachtung von Produkten und Prozessen in produzierenden Unternehmensbereichen eingesetzt. Eine Übertragung der FMEA auf Planungs- und Entwicklungsprozesse findet im industriellen Umfeld erst in Ansätzen statt [KÖNN95].

Zur systematischen Gestaltung und Bewertung von Produktvarianten schlägt Schuh [SCUH89] eine durchgängige Planungsmethode vor. Bausteine der Methode sind ein Variantenbaum zur Ermittlung und Darstellung von Varianten sowie ein Kostenmodell zur Bewertung von Varianten. Die EDV-Hilfsmittel EVAS und KOMO unterstützen die Interpretation und die graphische Aufbereitung der Zusammenhänge. Vorab vergleicht Schuh verfügbare Produktbewertungsprinzipien hinsichtlich der Kriterien Kostenaussage, Gesamtbewertung, Reproduzierbarkeit, Aussagegenauigkeit und Aufwand. Weder Nutzwertanalyse noch Kostenkataloge, Kurzkalkulationsverfahren, Wertanalyse oder konventionelle Zuschlagskalkulationen erscheinen praktikabel um die Variantenproblematik umfassend zu beherrschen.

Zur vorbeugenden Vermeidung und Reduzierung von Varianten bei der Entwicklung von Serienprodukten stellt Caesar [CAES91] die Methode *Variant Mode and Effects Analysis (VMEA)* zur Verfügung. Die VMEA-Methodik enthält Bausteine zur Analyse von Variantenmerkmalen sowie einer darauf aufbauenden Produktgestaltung und -bewertung. Ein Kennzahlensystem zur technisch-wirtschaftlichen Bewertung ermöglicht eine konstruktionsbegleitende Auswahl kostengünstiger Gestaltungslösungen.

Bei den vorgestellten Vorgehensweisen findet eine Erweiterung der planerischen Sichtweise in Richtung Kunden- und Ergebnisorientierung statt. Die Konzepte werden jedoch nicht konsequent in Richtung einer Verknüpfung von Produkteigenschaften und festlegenden Funktionen im Entwicklungsprozeß zum Zweck einer Bewertung und Gestaltung der Prozesse verfolgt.

2.1.2 Betriebswirtschaftlich-controllingorientierte Ansätze

Die in den folgenden Abschnitten vorgestellten Arbeiten entspringen einem wirtschaftswissenschaftlichen Hintergund. So werden die auftretenden Fragestellungen meist primär unter dem Aspekt möglicher Kostenoptimierungen beleuchtet.

2.1.2.1 Verfahren zum Produkt- und Prozeßkostenmanagement

In Anlehnung an Horváth [HORV91], [HORV92] und Seidenschwarz [SEID93] diskutiert Binder [BIND94] das Target Costing. Es handelt sich dabei um einen japanischen Ansatz des Kostenmanagements, welcher aufgegriffen und zu einem *Zielkostenmanagement* bzw. *marktorientierten Zielkostenmanagement* weiterentwickelt wurde. Ausgehend von den Markt- und Wettbewerbsbedingungen werden bereits in den Frühphasen der Produktentstehung Kostenziele vorgegeben, die später zu vom Kunden akzeptierten Verkaufspreisen führen sollen. Mittels der Zielkostenspaltung werden die Zielkosten, entsprechend der vom Kunden gewünschten Produktwertrelationen, auf die Produktkomponenten verteilt.

In Ergänzung zum Target Costing wird die *Prozeßkostenrechnung* vorgeschlagen [HORV89], [HORV90]. Immer stärker wird erkannt, daß bereits sehr früh festzustellen ist, welche kostentreibenden Prozesse durch Entwicklungsentwürfe ausgelöst werden. Binder erwähnt in diesem Zusammenhang die immer häufigere Verwendung der Begriffe *konstruktionsbegleitende Prozeßkostenrechnung* und *entwicklungsbegleitende Prozeßkostenkalkulation.*

Die Erweiterung der bisherigen Betrachtungsweisen in Richtung Kundenorientierung und Lebenszykluskosten sind bei diesen Ansätzen hervorzuheben. Eine Systematik zur fallbezogenen Realisierung nicht nur der Zielkosten, sondern der gesamten Produktkriterien bezogen auf den Entwicklungsprozeß fehlt jedoch an dieser Stelle und wird bei Seidenschwarz eingefordert [SEID93]. Verbunden damit ist die Frage wo, wie, womit und durch wen relevante Produktkriterien im Prozeß festgelegt werden.

2.1.2.2 Verfahren zur Produktbewertung

Die Grundidee der *Wertanalyse* ist es, die bei einem Produkt entstehenden Kosten sowie die möglichen, vom Benutzer akzeptierten Kosten den Funktionen und Bauteilen zuzuordnen. Somit können diejenigen Anteile am Produkt identifiziert werden, bei denen diesbezüglich ein ungünstiges Verhältnis vorliegt [LENK94], [VDI91].

Der wesentliche Unterschied zwischen der Wertanalyse und dem Konzept des *Target Costing* besteht darin, daß die klassische Wertanalyse auf eine Kosteneinsparung am fertigen Produkt durch nachträgliche, konstruktive Maßnahmen abzielt, während das Target Costing zu Beginn des Produktentwicklungprozesses eine marktgerechte Produktkostengestaltung ins Visier nimmt [BIND94].

Die *Nutzwertanalyse* zählt zu den bekanntesten Bewertungsverfahren [LENK94], [PAHL93]. Zangemeister [ZANG73] definiert diese wie folgt: „Die Nutzwertanalyse ist die Analyse einer Menge komplexer Handlungsalternativen mit dem Zweck, die Elemente dieser Menge entsprechend der Präferenzen des Entscheidungsträgers bezüglich eines multidimensionalen Zielsystems zu ordnen. Die Abbildung dieser Ordnung erfolgt durch die Angabe der Nutzwerte der Alternativen.“

Ein umfassendes Kostenmanagement muß alle Kosten berücksichtigen, die während der einzelnen Lebenszyklusphasen eines Produkts anfallen [BIND94]. Hierzu wird das Konzept des *Life Cycle Costing* vorgeschlagen [AK93B]. Vor der Produktion und Vermarktung eines Produkts ist hierbei zu überlegen, in welchem Umfang nach dem Verkauf des Produkts Kosten durch die Beanspruchung betrieblicher Ressourcen verursacht werden.

Mittels der *Lebenszyklusaufwandsanalyse* [HAHN95] werden die Auswirkungen von Komponentenveränderungen auf die Kostenelemente im Lebenszyklus eines Fahrzeugs dargestellt. Es handelt sich dabei um einen semi-quantitativen Vergleich von Aufwandsprognosen und Kundennutzen. Bestandteile des Bewertungsverfahrens sind neben dem Entwicklungs-, Produktions-, Nutzungs- und Außerbetriebstellungsaufwand auch Kundennutzenkriterien.

Das Konzept der *Produktlinienanalyse* [AK87] verfolgt das Ziel, Produkte umfassend zu beurteilen. Die Produktlinienanalyse untersucht, inwieweit Produkte Bedürfnisse befriedigen können. Es werden die Folgen eines Produkts über seinen Lebenszyklus für die Dimensionen *Natur*, *Gesellschaft* und *Wirtschaft* erfaßt. Hierbei werden auch nicht monetär bewertbare Aspekte berücksichtigt. Eine Produktlinienmatrix ist ein Teilelement der Produktlinienanalyse, die die einzelnen Lebenszyklusphasen mit den drei Dimensionen verbindet, wobei eine qualitative oder auch quantitative Zuordnung erfolgen kann. Die Produktlinienanalyse zielt darauf ab, die Anforderungen und Kriterien zu beschreiben, die an Produkte zu stellen sind. Eine Übertragung auf eine dazu notwendige Entwicklungsprozeßgestalt findet nicht statt.

Im Rahmen des *strategischen Managements von Technologien und Innovationen* wird eine allgemeine, qualitative, mehrdimensionale Aussage über technologische Produktinnovationen getroffen. Hier kommen die Portfolio-Technik und qualitative Expertenschätzungen zum Einsatz. Meßgrößen setzen sich u. a. zusammen aus Technologie, Entwicklungstiefe, Fertigung, Markt, Wettbewerb und Know-How [AK93A], [BULL94], [PFEI91].

Des weiteren können entsprechend einer Einteilung nach Binder [BIND94] folgende Ansätze zur Bewertung von Produkten herangezogen werden:

Relativkostenblätter und -kataloge unterstützen den kostenmäßigen Vergleich verschiedener konstruktiver Lösungsalternativen [DIN90], [VDIR87]. *Kurzkalkulationen* führen zu einem kostengünstigen Konstruieren (z. B. parametrische Produktkostenschätzung) über technische Leistungsparameter, geometrische Ähnlichkeitsbeziehungen (Längen-, Flächen- oder Volumenverhältnisse) sowie Materialgewichte (DM pro kg) [DIN89], [VDIR82].

Im Zusammenhang mit Kalkulationssystemen zum wirtschaftlichen Bewerten beim Konstruieren oder zur Angebotskalkulation unterscheiden verschiedene Autoren auch zwischen *analytischen und statistischen Verfahren* [KLAS85], [EHRL85]. Klasmeier gibt analog dazu ein Ordnungsschema für Kurzkalkulationssysteme vor.

2.1.2.3 Verfahren zur Bewertung von Entwicklungsprojekten

Gentner [GENT94] konstatiert, daß die bisher in der Theorie und Praxis vorgeschlagenen Kennzahlenmodelle in bezug auf die Planung und Steuerung der Produktentwicklung kaum mehr als grobe Anhaltspunkte geben können. Er bemängelt, daß controllingdominierte Kennzahlen [SCUL90], [THOM89], [ZVEI89] das Untersuchungsfeld zu grob und aggregiert diskutieren. F&E-dominierte Kennzahlen [BAUE92], [BROC92] basieren hingegen stark auf technischen Parametern und tendieren dazu, ökonomische Ansätze zu vernachlässigen. Letztlich wird über bisherige Entwicklungskennzahlensysteme [FRÖH90], [HICH78] ausgesagt, daß sie keine ausreichende Adaption auf das spezifische F&E-Umfeld aufweisen.

Dies nimmt Gentner zum Anlaß und entwickelt ein Kennzahlensystem, das die Bewertung und Optimierung von Effizienz und Effektivität in den Entwicklungs- und Anlaufphasen in der Automobilindustrie zum Gegenstand hat. Bestandteile dieses Systems sind neben einem Standardablaufschema der Produktentwicklung drei verschiedene Kennzahlentypen. Diese setzen sich zusammen aus Kennzahlen zur Messung des Projektfortschritts, Kennzahlen zur Messung der phasenbezogenen Effizienz (reale Outputkennzahlen und relative Potentialkennzahlen) sowie gesamtprojektorientierten Kennzahlen. Die unterschiedlichen Kennzahlentypen werden schließlich in ein sogenanntes *3E-Kennzahlensystem* (Entwicklungs-, Effektivitäts- und Effizienz-Kennzahlensystem) integriert.

Als positiv ist bei diesem Ansatz zu vermerken, daß neben der Effizienz- auch die Effektivitätskomponente durch die gesamtprojektorientierten Kennzahlen abgedeckt wird. Somit ist es möglich, Auswirkungen der Entwicklungstätigkeit auf nachfolgende Lebenszyklusphasen (Produktionsanlauf, Herstellung, Vertrieb, Recycling) quantitativ zu erfassen und bei der Beurteilung zu berücksichtigen. Aufgrund des hohen Abstraktionsgrades bei der Abbildung des Entwicklungsgeschehens in Form eines Phasenschemas ist es jedoch nicht möglich, Hinweise zur Gestaltung der Abläufe, der Aufbauorganisation und der Informationstechnologie zu geben. Hieraus ergibt sich die Forderung nach einem methodischen Übergang von einem ergebnisorientierten Projektcontrolling zu einer ergebnisorientierten Prozeßgestaltung.

Zur Beurteilung der Effizienz von Forschungs- und Entwicklungsprojekten zieht Omagbemi [OMAG94] Indikatoren heran, die sich aus den Zielen des F&E-Bereiches ableiten lassen und deren Merkmalsausprägungen Hinweise auf die Zielwirksamkeit der F&E-Tätigkeit zulassen. Er schlägt im Hinblick auf eine zielgerichtete Planung, Steuerung und Kontrolle von Entwicklungsaktivitäten eine ex-ante, prozeßbegleitende sowie ex-post Beurteilung vor. Die F&E-Leistung wird hierbei in technische, ökonomische und sonstige Dimensionen aufgeteilt. Ergebnis der Arbeit ist ein Indikatorsystem, an dem deutlich wird, welche Indikatoren zur Messung der Effizienz industrieller F&E-Vorhaben beitragen können.

Neben den schon bei Gentner erwähnten methodischen Abweichungen in bezug auf die Zielsetzung des hier zu entwickelnden Ansatzes zur ergebnisorientierten Prozeßgestaltung kommt hinzu, daß die bei Omagbemi zugrunde gelegte Betrachtungsweise nicht auf die spezifischen Belange von Entwicklungsprojekten in der Automobilindustrie ausgerichtet ist.

Reinhardt [REIN93] beleuchtet das Projektcontrolling als Baustein des Konzeptes *Just-In-Time (JIT) in F&E und Konstruktion.* Neben dem *Prozeßorientierten Projektcontrolling* steht das *Ergebnisorientierte Projektcontrolling* im Vordergrund der Erörterung. Zur Kontrolle der JIT-Konzept-Ziele Marktorientierung, Ganzheitlichkeit und Vermeidung von Verschwendung verweist Reinhardt auf die Schwächen des ergebnisorientierten Controlling. Zu spät können Abweichungen hinsichtlich Qualität, Zeit und Kosten identifiziert werden. Hierbei wird zum einen deutlich, daß eine ergebnisorientierte Betrachtung früher im Entwicklungsgeschehen ansetzen muß, zum anderen weist ein prozeßorientierter Ansatz ohne den Aspekt der Markt- oder Kundenorientierung Defizite auf. Es erscheint deshalb sinnvoll, die Vorteile der ergebnis- als auch der prozeßorientierten Betrachtungsweise zu verknüpfen und zu einer *ergebnisorientierten Prozeßbetrachtung* weiterzuentwickeln.

2.1.3 Klassifizierung der vorhandenen Ansätze

Von den diskutierten Bewertungsmethoden im Umfeld der Produktentwicklung werden entsprechend des Schwerpunkts und der Zielsetzung der vorliegenden Arbeit für die folgende Gegenüberstellung (vgl. Abbildung 6) nur mögliche Ansätze aus Abschnitt 2.1.1.1 und 2.1.2.3 ausgewählt. Produktbewertungsverfahren werden in diesem Zusammenhang nicht weiter verglichen.

Zur Klassifizierung der Methoden werden deren Ausprägungen hinsichtlich der Merkmale *Betrachtungsobjekt*, *Modellart* und *Bewertungsausrichtung* herangezogen.

Bei dem Aspekt *Betrachtungsobjekt* kommt es darauf an, welche Gestaltungsparameter des Prozesses bei der jeweiligen Betrachtung Berücksichtigung finden. Von Bedeutung sind in diesem Zusammenhang die unternehmens- und prozeßspezifische *Aufbau-* und *Ablauforganisation* sowie die eingesetzte *Informationstechnologie.* Wird nicht in die einzelnen Aspekte differenziert, so findet eine Betrachtung auf *Gesamtprozeßebene* statt.

Bei der Überprüfung der verwendeten *Modellart* wird unterschieden, ob das jeweilige Verfahren auf einer sehr abstrakten, schematischen Darstellung des Prozeßgeschehens (*Phasenschema*) oder auf einem *detaillierten*, statischen oder dynamischen *Prozeßmodell* (z. B. mit parallelen Abläufen, Iterationsschleifen und Informationsflüssen) aufbaut. Der Aspekt einer ausführlichen Prozeßmodellierung ist vor allem für die Gestaltung des prozeßspezifischen Dokumenten- und Werkzeugeinsatzes unerläßlich.

Von zentraler Bedeutung bei der Planung von Entwicklungsprozessen ist die *Ausrichtung* des zugrundeliegenden Bewertungsschemas, die durch den Charakter der verwendeten Kennzahlen zum Ausdruck kommt. Bei der Klassifizierung wird eine Differenzierung zwischen *tätigkeits-* und *ergebnisorientierten Prozeßbewertungskriterien* entsprechend den Begriffsbestimmungen in Kapitel 1 vorgenommen. In bezug auf die drei Größen des *Magischen Dreiecks Qualität*, *Zeit* und *Kosten* werden verfahrens- oder tätigkeitsorientierten Vorgehensweisen die Ziele *funktionale Exzellenz*, *ökonomische Zeitnutzung* und *Effizienz der Ressourcennutzung* zugeordnet [SCOL94]. Demgegenüber steht bei der ergebnisorientierten Betrachtung die Erfüllung von Kundenwünschen, die zeitgerechte Generierung und die Effektivität des Leistungsangebotes im Vordergrund.

Merkmale / Bewertungsansätze	Modellart		Ausrichtung		Betrachtungsobjekt			
	Phasenschema	Prozeßmodell	tätigkeitsorientiert	ergebnisorientiert	Aufbauorganisation	Ablauforganisation	Informationstechnologie	Gesamtprozeß
C. Müller [MÜLC94]	○	●	●	○	●	●	●	●
Saretz [SARE93]	○	●	●	◒	●	●	◒	●
Mayer [MAYE94]	●	○	●	○	○	◒	●	●
Fromm [FROM93]	○	●	●	○	◒	●	●	●
Tränckner, S. Müller [TRÄN90], [MÜLS92]	○	●	●	○	●	●	●	●
R. Müller [MÜLR94]	○	●	●	○	●	●	○	●
Stuffer [STUF94]	●	○	◒	◒	●	◒	●	●
Ambrosy [AMBR97]	●	○	◒	◒	◒	◒	●	●
Neuscheler [NEUS95]	○	●	●	○	●	●	●	●
Hanewinckel [HANE94]	○	●	●	○	◒	●	◒	●
Prefi [PREF95]	●	◒	◒	◒	◒	◒	○	●
Golm [GOLM96]	○	●	●	◒	●	●	●	●
Tegel [TEGE96]	○	●	◒	◒	●	●	●	●
PMB [OV93]	○	○	◒	◒	◒	◒	◒	●
RACE II [GRAA96]	○	○	◒	◒	◒	◒	◒	●
Gentner [GENT94]	●	○	●	◒	○	○	○	●
Omagbemi [OMAG94]	◒	○	◒	◒	○	○	○	●
Reinhardt [REIN93]	○	○	◒	◒	○	○	○	●
SOLL (vgl. Kapitel 3)	○	●	○	●	●	●	●	●

● Merkmal ausgeprägt ◒ Merkmal teilweise ausgeprägt ○ Merkmal nicht ausgeprägt

Abbildung 6: Klassifizierung vorhandener Ansätze zur Bewertung von Entwicklungsprozessen

Zusammenfassend kann festgehalten werden, daß neben tätigkeitsorientierten Methoden zur Prozeßbewertung Ansätze in Richtung Ergebnisorientierung zum Einsatz kommen. Jedoch sind noch nicht alle möglichen Aspekte und Ausprägungen dieser Vorgehensweise methodisch ausgeschöpft.

2.2 Modellierung von Prozessen und Produkten

Voraussetzung für ein ergebnisorientiertes Prozeßmanagement in Unternehmen ist ein vereinfachtes Abbild der Realität in Form von überschaubaren, aussagekräftigen und von allen Mitarbeitern akzeptierten Modellen des Unternehmens und seiner Ziele. Es gilt, den Mitarbeitern relevante Abhängigkeiten und Interdependenzen transparent zu machen [PREF95].
In den folgenden Abschnitten wird ein Einblick in die gegenwärtig diskutierten und eingesetzten Ansätze zur Unternehmens- bzw. Produkt- und Prozeßmodellierung gegeben. Dies geschieht vor dem Hintergrund, geeignete Konzepte und Notationen auszuwählen, um die Produkt- und Prozeßmodellanforderungen im Rahmen der folgenden Methodenentwicklung abzudecken.

2.2.1 Methodenüberblick

Zunächst soll ein Überblick über die Vielfalt der zur Verfügung stehenden Methoden und Techniken gegeben werden. In Tabelle 1 sind hierzu die bedeutendsten Ansätze aufgelistet. Detaillierte Beschreibungen der einzelnen Konzepte sind in der jeweils zugeordneten Literatur zu finden.

Ansatz	Erläuterung / Literatur
ARIS	Architektur integrierter Informationssysteme [IDS95], [SCEE95]
BR	Binary Relations Methode [AND93A]
CIMOSA	CIM Open System Architecture [JORY90A], [JORY90B], [STOT89]
EAR	Entity Attribute Relationship [AND93A]
eEPK	Erweiterte Ereignisgesteuerte Prozeßkette [IDS95], [KELL95], [KRAL94]
ERM	Entity Relationship Model [BALZ92], [CHEN91]
ERM-KN	ERM-Krähenfuß-Notation [NAGL93B]
EXPRESS	Formale Sprache zur Spezifikation von Datenmodellen [ISO91]
EXPRESS-G	Graphische Untermenge von EXPRESS [ISO91], [ISO93A]
EXPROO	Objektorientierte, textuelle Modellierungssprache [GEND95]
GRAI-Methode	Analyse und Entwurf von Systemen der Produktionssteuerung [SCÄF90]
IDEF-1	I-CAM-Methode zur Datenmodellierung [AND93A]
IDEF-2	I-CAM-Methode zur Modellierung von dynamischen Systemen [AND93A]
IE	Information Engineering [MART90]
IUM	Integrierte Unternehmensmodellierung [MERI93]
KSA	Kommunikationsstrukturanalyse [KRAL94]
MOSAIK	Modulares System zur Analyse/Gestaltung der IV/Kommunikation [GETT93]
NIAM	Nijssen Information Analysis Method [NIJS89]
OMT	Object Modeling Technique [RUMB91], [WEIS95]
OOA	Object Oriented Analysis [COAD90], [SHLA88]

OOIE	Object Oriented Information Engineering [BALZ92]
OOSA	Object Oriented Systems Analysis [BALZ92]
OOSE	Object Oriented Software Engineering [JACO92]
Petri-Netze	Graphische Beschreibungsmethode für dynamische Abläufe [ROSN91]
PPM	Integriertes Produkt- und Produktionsmodell [GRAB95B]
RT	Real Time Analysis (Strukturierte Analyse für Echtzeitsysteme) [WARD91]
SA	Structured Analysis [BALZ92], [DEMA82]
SADT (IDEF-0)	Structured Analysis and Design Technique [AND93A], [ROSS85]
SAM	Semantic Association Model [SUSY86]
SDM	Semantic Database Model [PECK88]
SERM	Strukturiertes Entity-Relationship-Model [SINZ93]
SHM+	Extended Semantic Hierarchy model [BROD84]
SHO	Semantisch-hierarchisches Objektmodell [SMIT77]
SOM	Semantisches Objektmodell [FERS93]
SSAD	Structured System Analysis and Design [AND93A]
STEP	Standard for the Exchange of Product Model Data [AND93A], [ISO93B]
Tränckner-Methode	Elementorientierte Beschreibungssprache für Prozesse [TRÄN90]
UML	Unified Modeling Language [BURK97]
VisOOP[3]	Objektorientierte Methode zur Entwicklung von Produktmodellen [GEND95]
VKD	Vorgangskettendiagramm [IDS95], [SCEE95]
Zustandsautomaten	Modellierungskonzept für dynamische Systemzustände [BALZ92]

Tabelle 1: Darstellung von Modellierungskonzepten

Darüber hinaus existieren zahlreiche Basistechniken zur Beschreibung von Ablaufstrukturen (z. B. Arbeitsplan, Balkendiagramm, Aufgabengliederungsplan). Erläuterungen zu den verschiedenen Grundformen werden bei REFA [REFA85] gegeben.

2.2.2 Auswahl geeigneter Konzepte

Zwecks der Auswahl von geeigneten Konzepten zur Modellierung realer Unternehmenszusammenhänge werden im folgenden unterschiedliche Klassifizierungsmöglichkeiten erläutert. Sowohl aus dem Bereich der Wirtschaftsinformatik und des Software-Engineerings, als auch aus dem Umfeld der Ingenieurwissenschaften gehen zahlreiche Vorschläge zur Einteilung und Weiterentwicklung von Modellierungsformalismen hervor [AND93A], [BALZ92], [GEND95], [GETT93], [KRAL94], [LAMP92], [MÜLC94], [SCAE90], [SCEE95], [SCOL90], [WEIS95].

So können die unterschiedlichen Beschreibungsmethoden beispielsweise nach dem *Beschreibungsprinzip* (Generierungs- oder Variantenprinzip) gegliedert werden [MÜLC94]. Methoden auf der Basis des Generierungsprinzips lassen sich weiter nach ihrem Beschreibungsschwerpunkt in ablauf-, daten- oder objektorientierte Ansätze unterteilen. Getto [GETT93] erläutert Methoden zur Daten-, Funktions- und Ablaufmodellierung. Darüber hinaus werden objektorientierte und sogenannte integrierte Vorgehensweisen vorgestellt. Eine umfangreiche Gegenüberstellung findet sich auch bei Weisbecker [WEIS95]. Neben der funktionsorientierten Modellierung werden hier ereignis-, daten- und objektorientierte Modellierungsmethoden verglichen. Anderl [AND93A] gliedert Methoden zur Konzeptentwicklung von CAD-Schnittstellen in Ansätze zur Daten- und Funktionsmodellierung sowie zur Beschreibung des dynamischen Systemverhaltens. Genderka [GEND95] entwickelt eine objektorientierte Methode zur Entwicklung von Produktmodellen. In diesem Zusammenhang werden sowohl partielle als auch integrierte Ansätze zur Unternehmens- und Produktmodellierung untersucht.

Datenmodelle stellen Daten, ihre Strukturen und Beziehungen zueinander dar. *Funktionsmodelle* stellen Funktionen, die ein System erfüllen soll und deren Zusammenhänge in den Vordergrund. Im *Ablaufmodell* werden dynamische Aspekte eines Prozesses betrachtet, d. h. die zeitliche Reihenfolge der Funktionen und zum Teil die Zuordnung zu Organisationseinheiten [GETT93]. Bei *ereignisorientierten Verfahren* werden ausgehend von externen Ereignissen (Auslösern) Funktionen modelliert, die auf diese Ereignisse reagieren. Vielfach werden zusätzlich die dazu benötigten Daten betrachtet [WEIS95]. Die *objektorientierte* Zerlegung führt in der Regel zu in sich abgeschlossenen Einheiten (Prinzip der Klassifizierung) mit einem hohen Wiederverwendungsgrad (Prinzip der Vererbung) [WEIS95]. Die Objektorientierung ermöglicht darüber hinaus bei der Modellbildung u. a. die Berücksichtigung der Beziehungsmechanismen Generalisierung/Spezialisierung, Aggregation, Assoziation/Referenz, Instanziierung und Kommunikation. *Integrierte Vorgehensweisen* stellen einen Methodenverbund aus unterschiedlichen klassischen (partiellen) Modellierungsansätzen dar. Diese sind eingebunden in ein übergeordnetes Rahmenkonzept, welches unterschiedliche Sichten und Aspekte bei der Modellbildung zuläßt.

Als Bewertungskriterien für Modellierungskonzepte spielen neben dem Abbildungsumfang die Eigenschaften des Modells sowie die Benutzerfreundlichkeit und die Modellanwendung eine Rolle [MÜLC94], [WEIS95]. Im Hinblick auf die Umsetzung eines Pragmatismus bei der Methodenbeschreibung ist ferner auf Mechanismen zur Komplexitätsbewältigung sowie eine adäquate Werkzeugunterstützung bei der Modellierung zu achten [GEND95].

Für die Umsetzung der in Kapitel 1 angestrebten Zielsetzung werden im folgenden *integrierte Ansätze* bevorzugt. Durch einen Sichten- und Methodenverbund wird sichergestellt, daß die geforderten Abbildungsumfänge Berücksichtigung finden. Die Einbettung in ein ganzheitliches, zukunftsorientiertes Modellierungsgesamtkonzept führt zu einer einfacheren Integration der Methode in den Unternehmenskontext und verspricht somit eine höhere Anwendungsakzeptanz und Durchführungseffizienz.

Im Rahmen der weiteren Methodenentwicklung zur ergebnisorientierten Gestaltung von Entwicklungsprozessen wird aus den genannten Gründen für die Darstellung der Prozesse eine statische Repräsentation der Zusammenhänge gewählt. Mittels der *erweiterten-Ereignisgesteuerten-Prozeßkettendarstellung (eEPK)* und unter Verwendung des ARIS-Tools können alle relevanten Prozeßelemente abgebildet werden.

Die Beschreibung des Prozeßergebnisses erfolgt in Form eines Produktmodells, welches sich gedanklich an das STEP-Methodengerüst anlehnt. Verwendung findet hierzu die das konzeptionelle Produktmodellschema beschreibende Sprache EXPRESS-G. Hierbei kommt es zu unternehmens- und problemspezifischen Erweiterungen und Anpassungen der ausgewählten Modellierungsansätze.

2.3 Ableitung des methodischen Handlungsbedarfs

Aus der Gegenüberstellung der Bewertungsansätze in Abbildung 6 wird ersichtlich, daß kein Vorgehen zur Bewertung und Gestaltung von Entwicklungsprozessen umfassend

- das Prinzip der *Ergebnisorientierung* mit einer
- *detaillierten Prozeßmodellierung* verknüpft, um so Optimierungspotentiale
- in bezug auf *Aufbau-* und *Ablauforganisation* sowie *IT-Einsatz*
- zu *lokalisieren*, zu *messen* und *quantitativ* zu beurteilen.

Die methodische Integration dieser Punkte bildet gleichzeitig den Rahmen für eine wissenschaftliche Weiterentwicklung der bestehenden Verfahren zum Aufbau von Entwicklungsprozessen. Als *Leitmotiv* soll dabei gelten, daß Wünsche und Anforderungen von Kunden der Produktentwicklung (z. B. der Produktion) als Ausgangsbasis für eine methodische Planung des Entwicklungsprozesses dienen.
Der sich daraus ergebende Handlungsbedarf läßt sich wie folgt charakterisieren:

- *Ergebnisrepräsentation und -bewertung*
Zur Bestimmung des Zielsystems des zu gestaltenden Entwicklungsprozesses müssen alle ergebnisrelevanten Produkteigenschaften und -parameter integriert abgebildet und bewertet werden können. Im Rahmen dieser Arbeit liegt der Schwerpunkt auf entwicklungs-, produktions- und logistikrelevanten Produktaspekten.

- *Prozeßabbildung*
Eine weitere wesentliche Forderung bei der Entwicklung der Methode ist die Berücksichtigung eines detaillierten Prozeßmodells. Die Analyse und Modellierung der Produktentwicklungsprozesse muß die in der Praxis tatsächlich auftretenden Probleme umfassen, um daraus Folgerungen für die Unterstützung der Produktentwicklung ableiten zu können [WACH93]. Bisherige Prozeßbeschreibungen sind um ergebnisorientierte Prozeßvariablen zu ergänzen. Dies gilt sowohl für den Aspekt des Produktentwurfs als auch für die Entwurfskontrolle.

- *Prozeßbewertung*
Auf der Basis explizit beschriebener Bewertungskriterien für Entwicklungsprozesse ist eine ergebnisorientierte Bewertung neuer Prozeßkonzepte sowohl im Rahmen revolutionärer Reengineeringprojekte als auch bei Soll/Ist-Prozeßvergleichen zu ermöglichen (Absolut- und/oder Relativbewertung). Hierzu sind prozeßunabhängige, idealtypische Referenzsituationen bezüglich einer entwicklungsrelevanten Ablauforganisation, Aufbauorganisation und Informationstechnologie zu formulieren. Eine Lokalisierung und Interpretation von Schwachstellen erfolgt durch die Ermittlung relevanter Merkmalsausprägungen.

- *Praxistauglichkeit*
Das Verfahren soll einem pragmatischen Ansatz folgen, d. h. es soll mit begrenztem Aufwand und mit standardisierten EDV-Hilfsmitteln im komplexen Unternehmensumfeld eine wirkungsvolle Hilfestellung bei der Lösung praktischer Strukturierungsaufgaben geben. Es gilt dabei, technologisch und methodisch zukunftsorientierte Ansätze aus dem Umfeld des Prozeß- und Produktmanagements in das Verfahren einzubinden. Als Anwendungsunterstützung ist das Vorgehen beim Einsatz der Methode zu erläutern.

3 Methode zur ergebnisorientierten Entwicklungsprozeßgestaltung

Voraussetzung für ein ergebnisorientiertes Management von Produktentwicklungsprozessen ist die Beschreibung einer pragmatischen Methode auf der Basis von Modellen, die den Entwurf und die Bewertung von Produkt- und Prozeßkonzepten unterstützt. Als wesentliche Elemente einer solchen Methode können die Basiskonstrukte *Prozeßmodell*, *Produktmodell* und *Bewertungsmodell* herangezogen werden [NOHE96]. Abbildung 7 stellt das Umfeld und die Elemente des neuartigen methodischen Ansatzes schematisch dar.

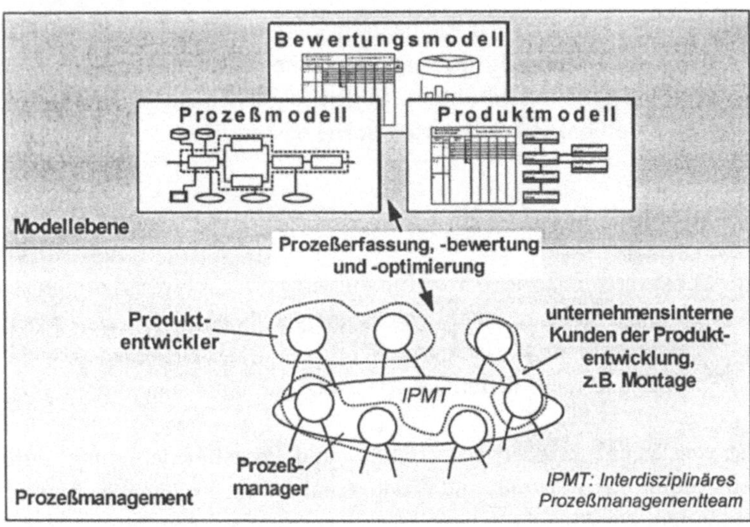

Abbildung 7: Methodenelemente zur ergebnisorientierten Entwicklungsprozeßgestaltung

Während das Prozeß- und das Produktmodell wertneutral Zusammenhänge bei der Entwicklung industrieller Produkte darstellen, können durch den Einsatz des Bewertungsmodells beurteilende Aussagen getroffen werden, um so aktiv und zielgerichtet in die Produktentwicklung eingreifen zu können. Im Vordergrund bei der Anwendung des Bewertungsmodells steht die ergebnisorientierte Bewertung des Entwicklungsprozesses. Hierzu wird das Bewertungsmodell in ein *Bewertungsschema für das Produktkonzept* (vgl. Kapitel 3.4) und einen *Bewertungs-*

ansatz für den dazugehörigen Entwicklungsprozeß (vgl. Kapitel 3.5) aufgeteilt. Der Bewertungsansatz für Entwicklungsprozesse sieht vor, die als erfolgskritisch eingestuften Produkt- und Produktionseigenschaften hinsichtlich ihrer Entstehung im Entwicklungsprozeß zu verfolgen. Auf der Basis der genauen Kenntnis des Bedarfs und der Realisierung der jeweiligen Teil- und des Gesamtproduktreifegrads können prozeßbewertende Aussagen getroffen sowie organisatorische und informationstechnische Prozeßgestaltungsvorschläge generiert werden.

In Ergänzung dazu bedarf es der Festlegung eines *Vorgehensmodells*, welches die Reihenfolge der einzelnen Schritte zur Durchführung einer systematischen Prozeßplanung durch das verantwortliche Prozeßmanagementteam vorgibt.

Die Verwendung der genannten Elementarmodelle führt zu einer übersichtlichen Gesamtstruktur des Planungsinstruments, was eine effiziente Projektdurchführung im komplexen Industrieumfeld fördert. In den folgenden Abschnitten erfolgt eine detaillierte Beschreibung der definierten Basiskonstrukte.

3.1 Vorgehensmodell

Für den Aufbau ergebnisorientierter Entwicklungsprozesse werden die zentralen Bestandteile der Methode zu einem eigenständigen *Vorgehensmodell* miteinander verknüpft (vgl. Abbildung 8). Durch die Vernetzung der einzelnen Schritte ergibt sich ein logischer und reproduzierbarer Gesamtzusammenhang.

Zunächst werden im Rahmen der Produkt- und Prozeßmodellierung, aufbauend auf einer strukturierten Prozeß- und Produktanalyse, die erfaßten Zusammenhänge jeweils in einem *Grobkonzept* abgebildet. Im Anschluß daran erfolgt eine Detaillierung durch die Erarbeitung eines *Produkt- und Prozeßmodell-Feinkonzepts.*
Bei der Anwendung des Bewertungsmodells steht die Formulierung und der Einsatz von *Bewertungskriterien*, die *Kriterienaggregation* und die Interpretation der *Bewertungsergebnisse* sowohl für das Produkt (Produktbewertungsschema) als auch für den dazugehörigen Prozeß (Prozeßbewertungsansatz) im Vordergrund.

Wie in Abbildung 8 ersichtlich wird, ist die Produkt- und die Prozeßbetrachtung an drei Stellen miteinander gekoppelt. So erfordert die Erstellung des Prozeßmodell-Feinkonzepts die Existenz von Produkteigenschaften, welche im Produktmodell-Feinkonzept abgelegt sind (1). Ferner kommen bei der Aggregation der Prozeßbewertungskriterien produktseitige Gewichtungsfaktoren zum Tragen (2).

Die dritte Kopplungsstelle ergibt sich aus dem integrierten Vorgehen bei der Interpretation der Bewertungsergebnisse (3). So können aufbauend auf den identifizierten Schwachstellen im Produktkonzept gezielt Ursachen im Prozeß lokalisiert und Optimierungen eingeleitet werden.

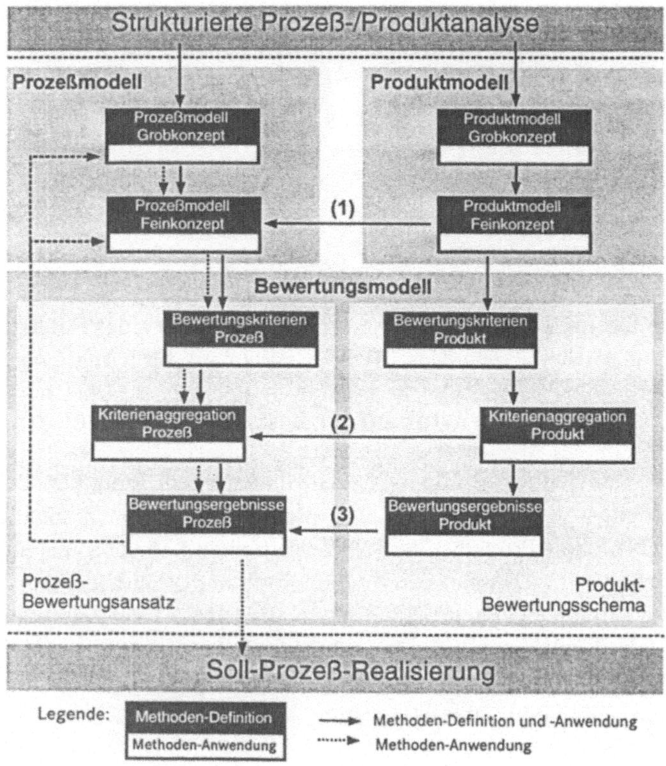

Abbildung 8: Vorgehensmodell zum Aufbau ergebnisorientierter Entwicklungsprozesse

Während die produktseitigen Schritte im Vorgehensmodell im Rahmen der Modelldefiniton und -anwendung einmal durchlaufen werden, kommt der Prozeßbewertungsansatz mehrmals zum Einsatz. Mit Hilfe eines iterativen Vorgehens bei der Prozeßmodellierung und -bewertung wird der bestmögliche Prozeß aus den unterschiedlichen Prozeßszenarien ermittelt und als zu realisierender Soll-Prozeß definiert.

3.2 Produktmodell

Eine effektivitätsoptimierende Gestaltung von Entwicklungsprozessen macht es zwingend erforderlich, das angestrebte Entwicklungsergebnis bezüglich seines späteren Eigenschaftsprofils so exakt wie möglich zu formulieren. Hierzu wird im folgenden ein induktiv abgeleitetes Beschreibungsschema in Form eines modular aufgebauten *Produktmodells* bereitgestellt. Das gesamte Produktmodell läßt sich dabei hierarchisch in ein *Grob-* und ein *Feinkonzept* unterteilen. Im Hinblick auf eine rechnergestützte Modellgenerierung und -nutzung wird auf den Standard STEP eingegangen.

3.2.1 Grobkonzept

In den Abschnitten 3.2.1.1 und 3.2.1.2 wird ein Grobkonzept zur Produktmodellierung vorgestellt. Im Vordergrund steht dabei die Aufteilung des Produktmodells in Partialmodelle sowie die eine Klassifikationssystematik für Partialmodellinhalte.

3.2.1.1 Produktmodellstruktur auf der Basis von Partialmodellen

In Anlehnung an Genderka [GEND95] wird unter einem Produktmodell ein Modell verstanden, welches als Träger von Produktinformationen sämtliche Merkmale und Daten eines Produkts über dessen gesamten Lebenszyklus abbildet. Zur Strukturierung der im Rahmen dieser Arbeit fokussierten entwicklungs-, produktions- und logistikrelevanten Produktaspekte wird das Gesamtprodukt mit Hilfe mehrerer *Partialmodelle* beschrieben (vgl. Abbildung 9).

Durch die Verwendung der Partialmodelle

- *Teile-*,
- *Tätigkeits-*,
- *Geometrie-*,
- *Funktions-*

und in Ergänzung einem

- *Logistikmodell*

werden klar abgegrenzte Teilsichten auf das Produkt zugelassen. Dies dient der Strukturierung anwendungsspezifischer Modellierungselemente und trägt somit zur Komplexitätsbewältigung bei. In den jeweiligen Partialmodellen werden die relevanten Objekte (*Modellierungselemente*) mit Hilfe entsprechender Attribute (*Elementeigenschaften*) beschrieben.

Wie aus Abbildung 9 ersichtlich wird, können zwischen den einzelnen Partialmodellen uni- oder bidirektionale Verbindungen bestehen. So drückt z. B. die Relation zwischen Funktions- und Teilemodell aus, daß die Umsetzung von Produktfunktionen an die Existenz realer Bauteile gekoppelt ist. Gleichzeitig kann jedem modellierten Bauteil eine Produktfunktion zugeordnet werden.

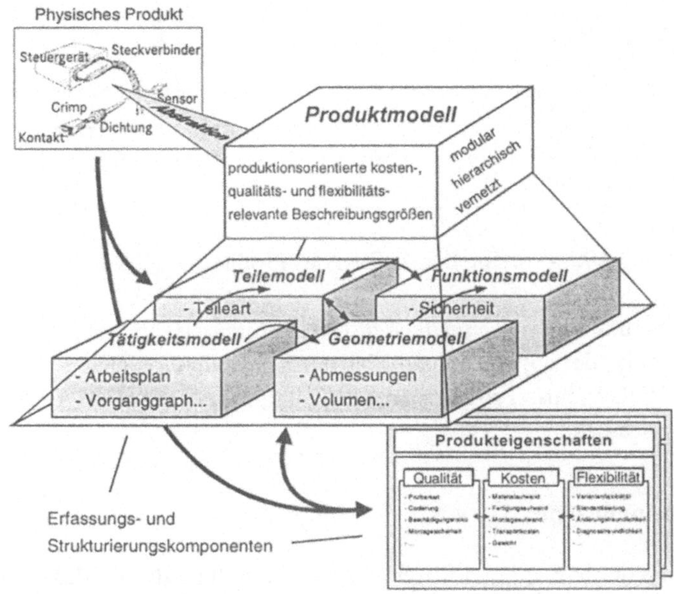

Abbildung 9: Allgemeine Struktur des *Produktmodells*

Die aufgezeigten Partialmodellbeziehungen sind insbesondere im Zusammenhang mit der ergebnisorientierten Gestaltung von Informations- und Dokumentenstrukturen von Bedeutung.

3.2.1.2 Festlegung von Einflußklassen

Anforderungen an Produkte können hinsichtlich der *Kosten*, *Qualität* und *Flexibilität* unterschieden werden. Bei der weiteren Detaillierung der Partialmodelle werden produkt- und produktionsbeschreibende Eigenschaften gesammelt und durch eine Einteilung in kosten-, qualitäts- und flexibilitätsrelevante Größen erneut klassifiziert. Diese drei Rubriken stellen die zweite Dimension des Produktmodell-Grobkonzepts dar.

Produktmodell - Grobkonzept

Einfluß-Klassifikation

	Kosten	Qualität	Flexibilität
Teile			
Tätigkeiten			
Geometrie			
Funktionen			
Logistik			

Partialmodelle

Abbildung 10: Prinzipieller Aufbau des Produktmodell-Grobkonzepts

Die Gesamtstruktur des *Produktmodell-Grobkonzepts* ist in Abbildung 10 dargestellt. Die Felder der aufgespannten Matrix repräsentieren gleichzeitig die oberste Ebene des Zielsystems 'Produkt- und Produktionsdefinition' (Ergebnis des Entwicklungsprozesses).

3.2.2 Feinkonzept

Auf der Basis der in Kapitel 3.2.1 erläuterten Aufteilung des Produktmodells wird im folgenden eine detaillierte Beschreibung der verschiedenen Partialmodellinhalte vorgenommen.

Im allgemeinen enthält jedes Partialmodell *Elementgruppen*, welchen *Elementeigenschaften* zugeordnet werden (vgl. Anhang D). Eine Elementgruppe faßt dabei Elemente gleicher Art zusammen (z. B. Stecker 1 und Stecker 2 gehören zur Elementgruppe Steckverbindungen). Für die Elemente einer Elementgruppe gelten die gleichen Eigenschaften, jedoch können diese unterschiedlich ausgeprägt sein. Elementeigenschaften, welche einen Einfluß auf die Rubrik Kosten haben, können entweder eine monetär meßbare (z. B. DM/Stecker) oder eine nicht monetär meßbare (z. B. Normteil) *Abbildungseinheit* besitzen. Bei Elementeigenschaften, welche der Rubrik Qualität und Flexibilität zugeordnet werden können handelt es sich um nicht monetär meßbare Größen, welche entweder quantitativ (z. B. Anzahl Standardteile zur Gesamtanzahl Teile) oder nur qualitativ (z. B. Erkennbarkeit der Funktionserfüllung) erfaßbar sind. Elementeigenschaften werden generell allen Rubriken zugeordnet, auf welche sie Einfluß haben. Die Erfassung der Elementgruppen und -eigenschaften erfolgt induktiv durch das jeweilige interdisziplinäre Prozeßmanagementteam.

3.2.2.1 Partialmodell *Teile*

Das Teilemodell stellt das umfangreichste Partialmodell dar, mit dessen Hilfe das zu modellierende Produkt hierarchisch bis auf seine Einzelteile heruntergebrochen wird. Abbildung 11 stellt den Inhalt und den Aufbau des Teilemodells exemplarisch am Anwendungsbeispiel *PKW-Kabelbaum* dar.

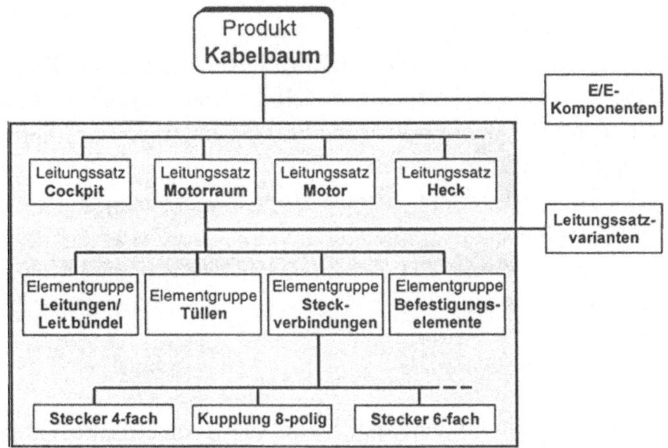

Abbildung 11: Partialmodell *Teile* am Beispiel *PKW-Kabelbaum*

Auf der untersten Ebene der Beschreibung finden sich die Einzelteile des Produkts wieder. Die nächsthöhere Abstraktionsstufe bilden die Elementgruppen. Am Beispiel PKW-Kabelbaum wird zwischen den Elementgruppen *Befestigungselemente*, *Steckverbindungen*, *Tüllen* und *Leitungen/Leitungsbündel* unterschieden. Die oberste Modellieungsebene repräsentiert das Gesamtprodukt. Die beschriebene hierarchische Modellstruktur besitzt den Vorteil, Eigenschaften (z. B. Anteil Standardteile), die sich nicht einem bestimmten Modellierungselement (z. B. Steckverbindung 1) zuordnen lassen, einer hierarchisch übergeordneten Ebene (z. B. Leitungssatz Motorraum) zuweisen zu können. Hierzu wurden in der Beispielanwendung zusätzlich die Elementgruppen *Leitungssatz* und *Leitungssatzvarianten* aufgenommen. Existieren bei dem Entwurf des Produkts starke Abhängigkeiten zu anderen Produkten oder Komponenten, so können diese in Form zusätzlicher Elementgruppen im Teilemodell mitberücksichtigt werden (z. B. *Elementgruppe E/E-Komponenten*).

3.2.2.2 Partialmodell *Tätigkeiten*

Das Partialmodell Tätigkeiten berücksichtigt generell sämtliche zur Herstellung (Produktion) des Produkts notwendigen Tätigkeiten einschließlich der Arbeitsbedingungen, unter welchen der Werker seine Aufgabe erfüllen muß. Im Rahmen dieser Arbeit bezieht sich das Tätigkeitsspektrum auf den Bereich der Montage. Hierzu zählen montagevorbereitende Tätigkeiten (z. B. Kommissionieren), Montagetätigkeiten (z. B. Kontaktieren) und Prüftätigkeiten, welche netzplanartig in einem Vorranggraph abgebildet werden.
Zur eindeutigen Zuordnung relevanter Elementeigenschaften (z. B. Nacharbeitszeit, Gesamtzeit) sind für das Tätigkeitsmodell die Elementgruppen *Montagetätigkeiten* (Einzeltätigkeiten) und *Vorranggraph* (Gesamttätigkeiten) notwendig. Bei der Elementgruppe *Vorranggraph* steht dabei die gesamtheitliche Betrachtung der Montageabläufe im Vordergrund. Darauf aufbauend können z. B. die Gesamtmontagezeit im Vergleich zur Vorgängerbaureihe, der Zeitanteil in schlecht erreichbaren Montagezonen oder der Zeitanteil von vorbereitenden und prüfenden Tätigkeiten untersucht werden.

3.2.2.3 Partialmodell *Geometrie*

Im Geometriemodell (Topologiemodell) wird die geometrische Umgebung beschrieben, in welche die Einzelteile des betrachteten Produkts eingebaut werden. Die geometrischen Eigenschaften der Einzelteile werden hingegen im Teilemodell abgelegt.
Von zentraler Bedeutung im Partialmodell Geometrie ist die Elementgruppe *Bauräume*. Modelliert werden im wesentlichen deren geometrische Eigenschaften (z. B. Volumina, Radien) und die jeweiligen Umgebungsbedingungen (z. B. erforderliche Dichtheitsklasse, Temperaturen, Zugänglichkeit für Werker).
Im Kontext des Beispielprodukts PKW-Kabelbaum kann es sich bei einem Bauraum um einen *Einbauraum*, eine *Ausbindung*, eine *Trennstelle* oder eine *Massestelle* handeln (vgl. Abbildung 12). Einbauräume sind Bauräume im Fahrzeug, in welche die verschiedensten Komponenten (z. B. Steuergeräte, Motoren, Sensoren) eingebaut werden. Ausbindungen sind Stellen im Fahrzeug, an welchen sich zwei

oder mehrere Abbindungen an einem oder mehreren Leitungssätzen befinden. Mit Trennstellen werden solche Bauräume bezeichnet, an denen Leitungssätze, Leitungsbündel oder einzelne Leitungen durch Stecker miteinander verbunden werden. Stellen an denen Kontakt zur Karosserie hergestellt wird, werden als Massestellen bezeichnet.

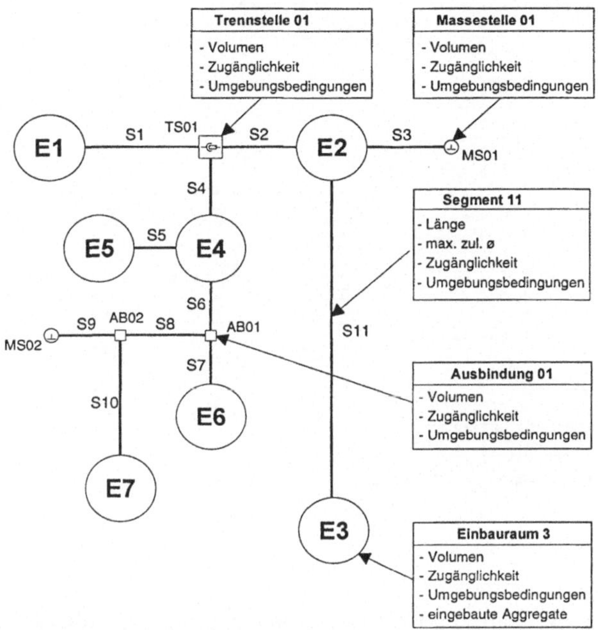

Abbildung 12: Partialmodell *Topologie* am Beispiel *PKW-Kabelbaum*

Darüber hinaus sind in diesem Zusammenhang Eigenschaften der *Verlegewege* und *Verlegewegabschnitte* (Segmente) von Bedeutung (z. B. Länge, maximal zulässiger Durchmesser). Hierfür läßt sich wiederum eine eigene Elementgruppe definieren.

3.2.2.4 Partialmodell *Funktionen*

Im Funktionsmodell wird die Gesamtfunktion des betrachteten Produkts in *mechanische* und *elektrische* Funktionen gegliedert. Abbildung 13 stellt diesen Sachverhalt exemplarisch dar. Unter der Elementgruppe *elektrische Funktionen* werden die Einzelfunktionen *Signal übertragen*, *Leistungsversorgung* und *elektrischer Schutz* subsumiert. Zur Elementgruppe *mechanische Funktionen* zählen die Funktionen *Codierung, Bauteilbefestigung, Verbindung sichern, mechanischer Schutz.* Deutlich wird die enge Verbindung zum Partialmodell Teile. So können einzelne Produktfunktionen nur durch entsprechend definierte Teile realisiert werden.

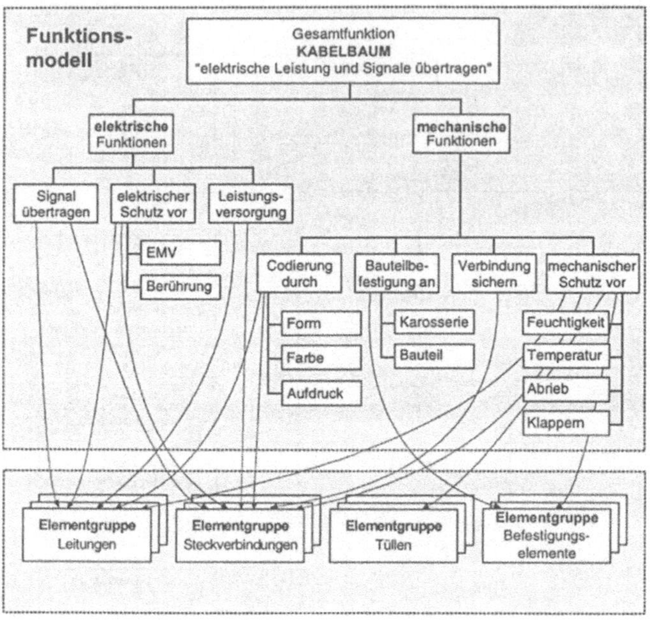

Abbildung 13: Partialmodell *Funktionen* am Beispiel *PKW-Kabelbaum*

Die elektrische Funktion *Signal übertragen* ist z. B. eng an die Elemente der Elementgruppe Leitungen und Steckverbindungen des Teilemodells gekoppelt.

3.2.2.5 Partialmodell *Logistik*

Im Rahmen des Logistikmodells wird auf die Anlieferung vormontierter Leitungssätze vom Serienlieferanten und deren Handhabung im Endmontagewerk eingegangen. Die Elementgruppe *Anlieferkonzept* erlaubt die flexible Charakterisierung und Modellierung unterschiedlicher Anlieferstrategien (z. B. fahrzeugspezifische oder losgrößenbezogene Anlieferung) aus einem Bereitstellungslager mit 100% Lieferfähigkeit. Mit Hilfe der Elementgruppe *Behältnisse* können kosten-, qualitäts- und flexibilitätsrelevante Aspekte bei der Teilebereitstellung an die vorgesehene Montageposition berücksichtigt werden.

3.2.3 Unterstützung der Produktdatenintegration durch eine STEP-konforme Produktmodellierung mit EXPRESS-G

Im Hinblick auf eine hohe Durchführungseffizienz bei der Produktmodellgenerierung ist auf eine datentechnische Anbindung an den Unternehmensdatenbestand zu achten. In diesem Zusammenhang steht STEP für den derzeit bedeutendsten Ansatz im Bereich der Produktmodellierung. STEP ist eine Abkürzung für „Standard for the Exchange of Product Model Data" und bezeichnet die sich in der Entwicklung befindende ISO-Norm 10303 zum Austausch von Produktdaten und zur Spezifikation von Produktmodellen. Im Vordergrund steht ein einheitliches Informationsmodell für technische Produkte [AND93B], [SCLE91]:

„The purpose of this International Standard is to specify a form for the unambiguous representation and exchange of computer-interpretable product information throughout the life of a product" [ISO93B].

Das STEP-Konzept wird im Rahmen der ISO 10303 in einzelne Teile (Part 1 bis Part n) strukturiert und in Serien zusammengefaßt:
Die ersten vier Serien (0-40) beschreiben die grundlegenden Konzepte für die STEP-Produktmodellentwicklung (z. B. Serie 1-10: Überblick und Grundlegende Prinzipien, Serie 11-20: Festlegung von Beschreibungs- und Modellierungsmethoden). In den Serien 41-100 werden die Basismodelle festgelegt, in der Serie 101-200 erfolgt die Definition von Anwendungsmodellen. In der Serie 201-300 werden abschließend Anwendungsprotokolle abgebildet [AND95].

Zur Unterstützung der Definition und Beschreibung der Produktmodelle in STEP stehen die Beschreibungsmethoden EXPRESS und EXPRESS-G zur Verfügung.

EXPRESS ist eine sehr umfangreiche formale, textuelle Sprache zur Spezifikation der Informationsstrukturen der ISO-Norm 10303 [ISO94].

EXPRESS-G ist eine graphische Untermenge von EXPRESS und dient der graphischen Darstellung der in EXPRESS spezifizierten Informationsmodelle [AND93A]. Abbildung 14 zeigt beispielhaft ein EXPRESS-G-Schema sowie EXPRESS-G-Konstrukte. Eine ausführliche Erläuterung der EXPRESS-G-Notation sowie ein Diagrammbeispiel befindet sich in Anhang E dieser Arbeit. Durch das beschriebene Set von Symbolen wird die Umsetzung der Zielsetzungen der Modellierungssprache EXPRESS-G verfolgt:

- Diagramme sollen intuitiv begreifbar sein,
- Diagramme sollen verschiedene Abstraktionsniveaus unterstützen,
- Diagramme müssen auf mehrere Seiten aufgeteilt werden können und
- Diagramme dürfen nur minimale graphische Ansprüche an die Fähigkeiten eines Computers richten.

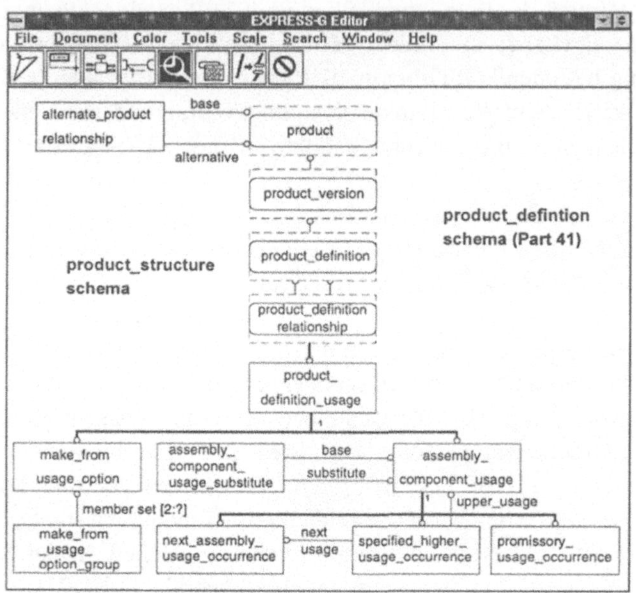

Abbildung 14: EXPRESS-G-Schema und -Konstrukte

Im folgenden werden die im Standard STEP zur Verfügung stehenden Modelltypen kurz erläutert:

- *anwendungsunabhängige Basismodelle (Resource Models)*: Sie dienen der anwendungsunabhängigen Beschreibung der Produktgestalt und Produktdarstellung.
- *Anwendungsmodelle (Application Models)*: Sie bauen auf den anwendungsunabhängigen Basismodellen auf und dienen der formalen Abbildung von Produktmerkmalen aus anwendungsabhängiger Sicht.

Basismodelle und Anwendungsmodelle bilden zusammen die *Informationsmodelle (Information Models)*.

- *Anwendungsprotokolle (Application Protocols - AP)*: Sie basieren auf Informationsmodellen, die für einen eng umgrenzten Anwendungsfall (z.B. AP 214 - Core Data for Automotive Mechanical Design Processes) eingeschränkt werden [GRAB93]. Sie stellen das für den Anwender verbindliche, auf eine spezifische Problemstellung zugeschnittene Produktmodell dar [AND92].

STEP stellt in seiner Gesamtheit einen integrierten Ansatz dar, der zukunftsweisende Handlungsempfehlungen, Modellierungsmethoden und Strukturierungsmechanismen zur Produktmodellierung anbietet. Strategische Ausrichtungen von Unternehmen sowie zahlreiche Industrieaktivitäten zur Unterstützung eines STEP-Einsatzes belegen diese Tatsache [AND93B], [EHRE94], [GRAB94A], [GRAB94B], [HELL94], [NILL95], [PROS95].

Zur Erstellung STEP-konformer Produktmodelle im jeweiligen unternehmensspezifischen Kontext muß auf die im STEP-Gerüst definierten Elemente und Prinzipien zurückgegriffen werden. Grundlage ist eine Strukturierung des Modellierungsgegenstandes durch die Aufsplittung der Informationsmenge in Partialmodelle (vgl. Kapitel 3.2.1.1). Eine einheitliche Darstellung der Modellinhalte kann durch PC-lauffähige EXPRESS-G-Editoren unterstützt werden [GIDA96]. Darüber hinaus muß ein Abgleich (Mapping) zwischen den unternehmensspezifischen Modellen und den entsprechenden Anwendungsprotokollen (z. B. AP 214) erfolgen.

3.3 Prozeßmodell

Mit Hilfe des methodischen Basiskonstrukts *Prozeßmodell* können sowohl Ist-Prozesse als auch Soll-Prozeßszenarien detailliert dargestellt und für eine bewertende Betrachtung aufbereitet werden. Notwendig ist hierbei die Modellierung der unternehmens- und entwicklungsprozeßspezifischen Ablauf- und Aufbauorganisation sowie der unterstützenden Informationstechnologie. Eine pragmatische Möglichkeit, die unterschiedlichen Prozeßaspekte und -objekte integriert abzubilden, ist die Verwendung von *erweiterten Ereignisgesteuerten Prozeßketten (eEPK)* innerhalb der ARIS-Architektur [SCEE95]. Diese Modellart wird im Rahmen der Erstellung des *Prozeßmodell-Grobkonzepts* eingesetzt. Darauf aufbauend werden im *Prozeßmodell-Feinkonzept* alle notwendigen objekttypspezifischen Prozeßvariablen bereitgestellt, um im Anschluß an eine Prozeßmodellierung eine ergebnisorientierte Prozeßbewertung durchführen zu können.

3.3.1 Grobkonzept auf der Basis des eEPK-Ansatzes

Das Konzept der *Architektur integrierter Informationssysteme (ARIS)*, welches am Institut für Wirtschaftsinformatik an der Universität des Saarlandes entwickelt wurde, stellt einen strukturierten Entwurfsrahmen zum Zwecke der Entwicklung integrierter Informationssysteme dar [JOST93], [KELL92], [SCEE90]. Komplexe Unternehmens- und Prozeßzusammenhänge werden im Rahmen der ARIS-Architektur durch verschiedene Beschreibungssichten und -ebenen ganzheitlich repräsentiert:

- *Organisationssicht* zur Abbildung der organisatorischen Einheiten und Mitarbeiter des Unternehmens sowie ihrer fachlichen und disziplinarischen Beziehungen.
- *Funktionssicht* zur Beschreibung der betrieblichen Funktionen, die in einem Unternehmen ausgeführt werden sowie die zwischen den Funktionen bestehenden Anordnungsbeziehungen.
- *Datensicht* zur strukturierten Beschreibung der im Unternehmen auftretenden Datenobjekte und ihren Beziehungen.

Zur Integration der genannten Sichten existiert eine spezielle Sicht:

- *Steuerungssicht* zur Beschreibung der Zusammenhänge zwischen Funktionen, Organisationseinheiten und Daten.

Neben dem Zerlegungsprinzip in Sichten weist jede der vier Sichten ein Phasenmodell auf, dessen Phasen den groben Phasen des Software-Entwicklungsprozesses entsprechen [GEND95], [SCEE95]:

- Beschreibungsebene *Fachkonzept* (requirement definition): Das zu unterstützende betriebswirtschaftliche Anwendungskonzept wird formalisiert dargestellt.
- Beschreibungsebene *DV-Konzept* (design specification): Die Begriffswelt des Fachkonzepts wird in die Kategorien der DV-Umsetzung übertragen.
- Beschreibungsebene *Implementierung* (implementation description): Das DV-Konzept wird auf konkrete DV-technische Komponenten übertragen.

Beschreibungen auf der Fachkonzeptebene werden jedoch als zentral angesehen, da diese den Ausgangspunkt für die weiteren Generierungsschritte zur Umsetzung in die technische Implementierung darstellen [SCEE95].

Für jede Sicht und Beschreibungsebene stellt das ARIS-Konzept unterschiedlichste Modellierungsmethoden und -darstellungen zur Verfügung. So wird in der für diese Arbeit relevanten integrierenden Steuerungssicht auf Fachkonzeptebene mittels der Modellart *eEPK (erweiterte Ereignisgesteuerte Prozeßkette)* eine umfassende Darstellung von Prozeßzusammenhängen ermöglicht. Abbildung 15 zeigt eine Auswahl und eine Anordnung von Symbolen zum Aufbau eines Prozeßmodells.

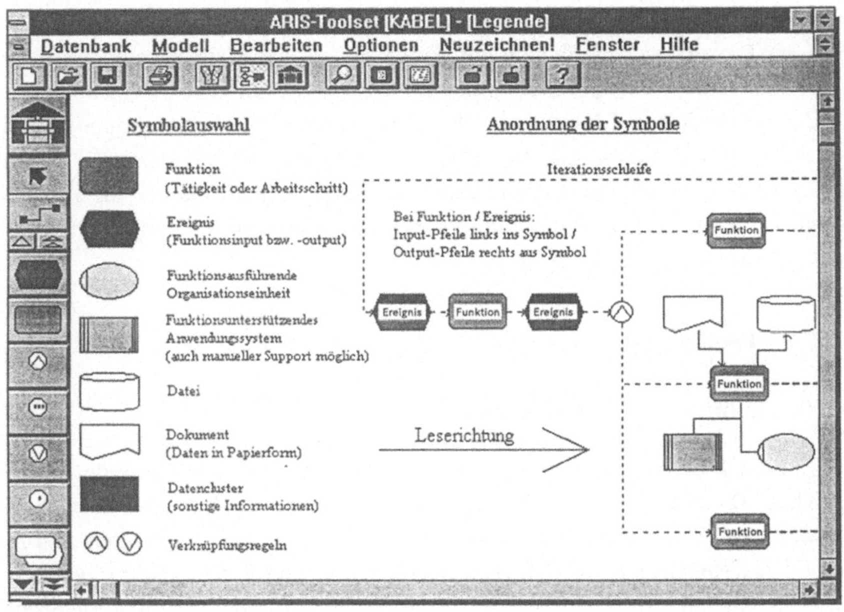

Abbildung 15: Elemente und Strukturen im *Prozeßmodell-Grobkonzept*

An dieser Stelle soll das der Methodenentwicklung zugrundeliegende Verständnis des Prozeßbegriffs vertieft werden. Ein *Prozeß* wird demnach wie folgt definiert:

Funktionen werden durch Startereignisse ausgelöst und durch Ergebnisereignisse beendet. Regeln (Operatoren) und Verknüpfungselemente (Kontrollfluß) erlauben den Aufbau einer beliebig vernetzten Struktur einschließlich Iterationsschleifen. Die Zuordnung von System- (Betriebsmittel der Informationstechnik) und Humanressourcen (Organisationseinheiten) sowie Input- und Outputinformationen (Informationsträger) zu Funktionen komplettieren den Prozeß.

Gemäß dem Anforderungsprofil der in dieser Arbeit entwickelten Methode können durch die Verwendung der Modellart eEPK bei der Erstellung eines Prozeßmodells im Stadium der Erarbeitung des Grobkonzepts die Aspekte Ablauf- und Aufbauorganisation und Informationstechnik umfassend abgebildet werden. Fokussiert werden dabei die Prozeßelemente *Funktionen*, *Organisationseinheiten*, *Anwendungssysteme* und Datenobjekte in Form von *Dokumenten* (vgl. Anhang F).

Der *Detaillierungsgrad* bei der Modellierung ist frei wählbar und richtet sich nach der gewünschten Planungsgenauigkeit. Anzustreben ist eine durchgängige Abbildung der Prozeßzusammenhänge auf Arbeitsebene. Die Existenz und Einhaltung von *Modellierungskonventionen* ist die Grundlage für ein gemeinsames Verständnis der geschaffenen Modelle. Im Bereich der Prozeßdokumentation verhelfen eindeutige Begriffsklärungen mit Hilfe von sogenannten *Dictionaries* zu einer Transparenz. Vereinfachungs- und Strukturierungsmechanismen (z. B. Hierarchisierung) führen bei der Modellbildung zu einer klaren und übersichtlichen Darstellungsform.

3.3.2 Feinkonzept

Für die Elemente des in Kapitel 3.3.1 beschriebenen *Prozeßmodell-Grobkonzepts* werden in den folgenden Ausführungen alle zur ergebnisorientierten Bewertung von Entwicklungsprozessen notwendigen Prozeßvariablen und Einflußgrößen beschrieben. Diese bilden die Grundlage für die in Kapitel 3.5 formulierten Bewertungskriterien zur quantitativen Beurteilung von Prozessen. Im Rahmen des *Prozeßmodell-Feinkonzepts* wird hierzu in Variablen zur Prozeßstrukturierung und Variablen für die *Betrachtungssichten* Ablauforganisation, Aufbauorganisation und Informationstechnologie unterschieden.

3.3.2.1 Variablen zur Prozeßstrukturierung

Die meist komplexen Gesamtzusammenhänge eines integrierten Entwicklungsprozesses erfordern die Bereitstellung geeigneter Mechanismen, welche eine systematische Betrachtung unterstützen. Gleichzeitig gilt es, die Übersichtlichkeit bei der Methodenanwendung und die Interpretationsfähigkeit der Modelle zu erhöhen. Hierzu werden die aufgespannten Betrachtungssichten weiter in die *Betrachtungsarten Engineering-Structure* (Entwurfssituation) und *Assessment-Structure* (Abstimmungssituation) unterteilt. Darüber hinaus wird der gesamte Prozeß in *Prozeßsegmente* gegliedert.

Betrachtungsarten

Zur Klassifizierung von Prozeßfunktionen (Entwicklungstätigkeiten) wird eine Einteilung entsprechend ihres Einflusses auf das Entwicklungsergebnis vorgenommen. Von zentraler Bedeutung ist in diesem Zusammenhang der *Gesamtreifegrad R* des Entwicklungsgegenstands. Zur Vereinfachung wird in den folgenden Ausführungen zum Teil lediglich vom *Produktreifegrad R* gesprochen, dieser umfaßt jedoch implizit auch alle produktionsrelevanten Aspekte. Zu Beginn des Entwicklungsprozesses beträgt der Produktreifegrad 0% und nach dessen Abschluß 100%. 100% Reifegrad sind gleichbedeutend mit der vollständigen Festlegung aller relevanten Produkt- und Produktionseigenschaften.

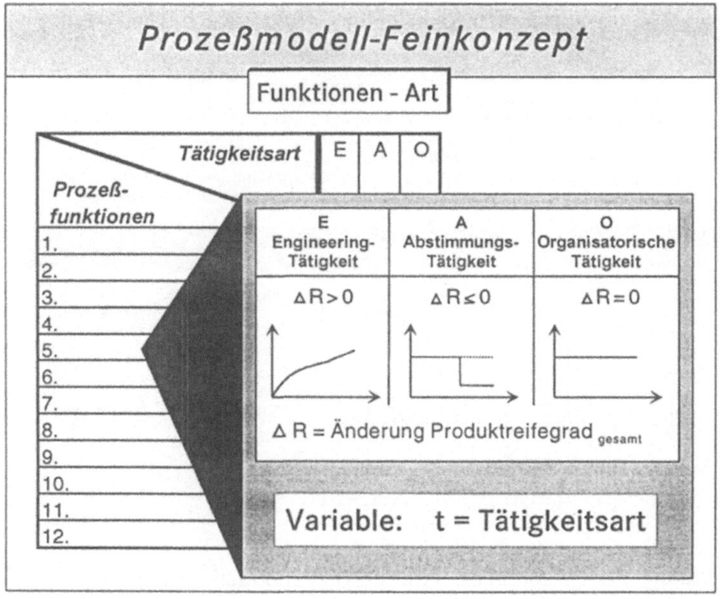

Abbildung 16: Klassifizierung von Prozeßfunktionen

Entwicklungstätigkeiten können dabei generell in die Tätigkeitsarten *Engineering-Tätigkeiten*, *Abstimmungs-Tätigkeiten* und *organisatorische Tätigkeiten* unterschieden werden. Eine Klassifizierung der einzelnen Prozeßfunktionen erfolgt mit Hilfe der *Variable t (Tätigkeitsart)*, welche jeder Funktion im Rahmen der Prozeßmodellierung zugeordnet wird. In Abbildung 16 sind die verschiedenen Tätigkeitsarten gegenübergestellt.

Im Rahmen von *Engineering-Tätigkeiten* (z. B. Kabelbaumtopologie entwerfen) wird der Reifegrad R durch eine Beeinflussung von Produkt- und Produktionseigenschaften erhöht, d. h. es findet ein Reifegradzuwachs (Δ R > 0) statt.

Abstimmungs-Tätigkeiten (z. B. Kabelbaumkonzept abstimmen) entsprechen einem Design-Review und dienen zur Kontrolle und Freigabe der im Prozeß festgelegten Eigenschaften. Ist das jeweilige Konzept in Ordnung, so wird es freigegeben und der Reifegrad erfährt keine Änderung (Δ R = 0). Muß das Konzept geändert werden, dann wird der Reifegrad R zurückgesetzt (Δ R $\leq$ 0).

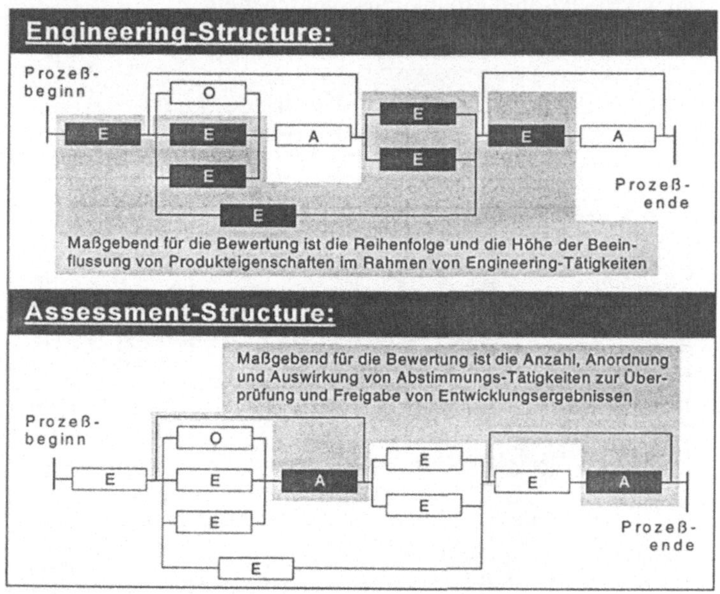

Abbildung 17: Ergebnisorientierte Prozeßbetrachtungsarten

Abstimmungs-Tätigkeiten können in der Praxis einen systematischen und strukturierten oder auch chaotischen, intuitiven Charakter besitzen, je nachdem welche Art der Entscheidungsvorbereitung zugrunde liegt. Anzustreben sind Entscheidungen auf der Basis nachvollziehbarer *methodischer Konzeptbewertungen (AM)* oder auf der Basis *physikalischer Prototypentests (AP)*. Die im Rahmen dieser Arbeit entwickelten Methode sieht nur Abstimmungen über das Gesamtkonzept sowie Partialmodellsichten oder Elementgruppen vor. Abstimmungstätigkeiten für einzelne Eigenschaften werden bei der Modellierung nicht zugelassen.

Organisatorische Tätigkeiten (z. B. Ausgangsinformationen zusammenstellen) haben keine Reifegraderhöhung oder -rücksetzung zur Folge (Δ R = 0). Sie sind für eine ergebnisorientierte Betrachtung nicht relevant und werden daher im Rahmen dieser Arbeit nicht weiter verfolgt.

Aufbauend auf der getroffenen Funktionsklassifizierung können die in Abbildung 17 dargestellten Betrachtungsarten identifiziert und planerisch behandelt werden:

- *Engineering-Structure*:
  Maßgebend für die Bewertung der Engineering-Structure ist die Reihenfolge und die Höhe der Beeinflussung von Produkt- und Produktionseigenschaften im Rahmen von Engineering-Tätigkeiten.
- *Assessment-Structure*:
  Maßgebend für die Bewertung der Assessment-Structure ist die Anzahl, Anordnung und Auswirkung von Abstimmungs-Tätigkeiten zur Überprüfung und Freigabe von Entwicklungsergebnissen.

Die Integration dieser Betrachtungsarten in das methodische Konzept bildet die Grundlage für eine umfassende und gezielte Bewertung und Gestaltung der Entwurfs- und Abstimmungssituationen von Entwicklungsprozessen.

Segmentbildung

Zur Verfolgung der Reifegradentwicklung über den gesamten Entwicklungsprozeß ist es erforderlich, die Plazierung von Prozeßfunktionen im zweidimensionalen Prozeßnetz eindeutig bestimmen zu können. Hierzu werden in einer sogenannten *Lokalisierungsmatrix* alle Prozeßfunktionen übereinander aufgetragen und deren Reihenfolge mit Hilfe von Vorgänger-Nachfolger-Beziehungen ermittelt.

Aufgrund der möglichen Parallelläufigkeit von Funktionen wird der gesamte Prozeß in *Segmente* unterteilt. Dies ist erforderlich, da parallele Prozeßfunktionen den Gesamtproduktreifegrad R gemeinsam erhöhen können und somit deren Produktbeeinflussungen zusammengefaßt werden müssen. Hierbei wird davon ausgegangen, daß die einzelnen Prozeßfunktionen inhaltlich nicht redundant sind (Deckungsgrad = 0). Parallele Prozeßabschnitte, welche durch Oder-Verzweigungen initiiert werden, sind bei der Modellierung zu vermeiden oder führen zu separat zu bewertenden Prozessen. Jeweils zu Beginn und am Ende des Prozesses sowie nach jedem Prozeßsegment befindet sich ein Meßpunkt, dem genau ein Gesamtproduktreifegrad R zugeordnet werden kann. Abbildung 18 stellt das Prinzip der Segmenteinteilung dar. Bei der Segmentbildung werden die einzelnen Prozeßfunktionen, ausgehend vom Prozeßende, zunächst mit einer Segment-Hilfsnummer versehen. Die letzte Funktion erhält dazu die Nummer 1, jede direkte Vorgängerfunktion die nächsthöhere Nummer 2. Besitzt eine Funktion schon eine Hilfsnummer und wird erneut betrachtet, so wird die schon existente Nummer mit der Aktuellen überschrieben. Zum Abschluß des Verfahrens werden die Hilfsnummern der Prozeßfunktionen vom Prozeßbeginn startend durch aufsteigende Segment-Nummern ersetzt. Dabei werden alle Prozeßfunktionen mit gleicher Segment-Nummer einem Segment zugeordnet.

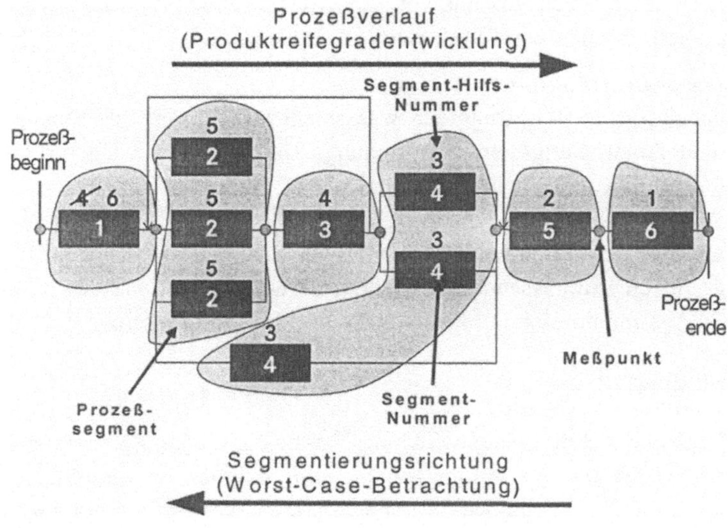

Abbildung 18: Prozeßstrukturierung durch Bildung von Prozeßsegmenten

Das Prinzip zur Segmentbildung geht von einer *Worst-Case-Betrachtung* aus. Diese berücksichtigt Beeinflussungen von parallelläufigen Funktionen zur Ermittlung des Gesamtreifegrads erst zum spätestmöglichen Zeitpunkt (vgl. Segment Nr. 4 in Abbildung 18).

Für die Bewertung des Gesamtprozesses wird jedes Segment bezüglich unterschiedlicher Bewertungskriterien einzeln bewertet. Dabei kann zielgerichtet das Segment mit der schlechtesten Bewertung und somit die Prozeßstelle mit dem größten Optimierungspotential identifiziert und verbessert werden.

3.3.2.2 Variablen zur Bewertung der *Ablauforganisation*

Zentrales Merkmal zur Bewertung und Gestaltung der Ablauforganisation eines Entwicklungsprozesses ist die Reifegradentwicklung des jeweiligen Produkts und des dazugehörigen Produktionskonzepts. Reifegradanstiege sind dabei gleichbedeutend mit der *Beeinflussung* von Ergebniseigenschaften durch Funktionen des Entwicklungsprozesses. Für die Ermittlung der relevanten Eigenschaften wird auf die hierarchische Produktmodellstruktur zurückgegriffen. Abbildung 19 stellt die Modellverknüpfung schematisch dar.

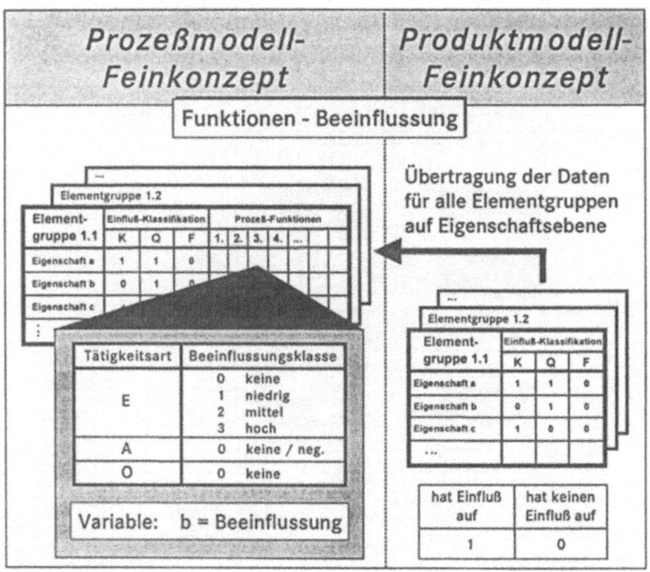

Abbildung 19: Vorgehen zur Erfassung von Produktbeeinflussungen

Im Feinkonzept des Produktmodells sind alle Informationen hinsichtlich zu betrachtender Partialmodelle, Elementgruppen und Eigenschaften des Produkts abgelegt. Zur Ermittlung der Beeinflussungen von Produkteigenschaften durch Prozeßfunktionen wird eine Verknüpfung des Produkt- und des Prozeßmodells vorgenommen. Im Anschluß daran wird im Feinkonzept des Prozeßmodells mittels sogenannter *Beeinflussungstabellen* jeder Prozeßfunktion die mehrdimensionale *Variable b (Beeinflussung)* zugeordnet. Diese drückt aus, welchen Einfluß die jeweilige Prozeßfunktion maximal auf die betrachteten Produkt- und Produktionseigenschaften hat. Hierbei wird zwischen den Beeinflussungsklassen *hoch*, *mittel*, *niedrig* und *kein* Einfluß unterschieden. In diesem Zusammenhang werden die Beeinflussungen nicht bezüglich unterschiedlicher Durchläufe einer Prozeßfunktion differenziert (Schleifenauflösung findet nicht statt).

Die auf Eigenschaftsebene erhobenen qualitativen Daten werden durch Bildung der arithmetischen Mittelwerte auf Elementgruppenebene aggregiert. Durch die Kenntnis der prozeßfunktionsspezifischen Beeinflussungen b und der Einfluß-Klassifikationen der verschiedenen Produkteigenschaften können auf der Elementgruppenebene für jede Prozeßfunktion die nach Rubriken differenzierten *Beeinflussungen* b_K, b_Q und b_F dargestellt werden. Diese stellen einen wichtigen Aspekt bei der Auffindung von Prozeßoptimierungspotentialen dar. Abbildung 20 zeigt die entsprechende Erfassungs- und Aggregationssystematik.

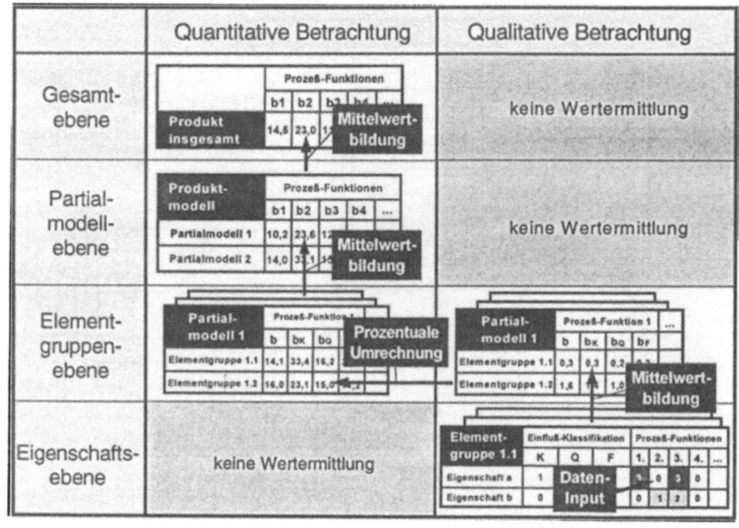

Abbildung 20: Beeinflussungsermittlung als Bewertungsgrundlage

Die qualitativen Werte werden auf der Elementgruppenebene in quantitative Größen umgerechnet (vgl. Anhang G). Hierbei muß die Summe der Beeinflussungen über alle Prozeßfunktionen bezüglich einer Elementgruppe 100% ergeben. Die berechneten Prozentwerte werden durch Mittelwertbildung weiter auf Partialmodell- und Gesamtebene aggregiert. Addiert man auf der Gesamtebene die Produktbeeinflussungen einzelner Prozeßfunktionen entsprechend der Segmentstruktur, so läßt sich der jeweilige Gesamtproduktreifegrad R an den Meßpunkten bestimmen.

3.3.2.3 Variablen zur Bewertung der *Aufbauorganisation*

Bei der prozeßspezifischen Abbildung aufbauorganisatorischer Aspekte steht vor allem das *Qualifikationsprofil* beteiligter Organisationseinheiten im Vordergrund. Jeder Organisationseinheit wird dabei durch die *Variable q* ein Qualifikationsprofil zugeordnet. Die Variable hat den Charakter einer 2x5-Matrix. In den Spalten sind die Kompetenzarten *Durchführungskompetenz (DK)* und *Entscheidungskompetenz (EK)* aufgespannt, in den Zeilen die *Kernaufgaben* bei der integrierten Produktentwicklung. Hierzu zählen *Entwicklungs- und Konstruktions-*, *Produktionsplanungs- (Montageplanung)* und *Beschaffungsplanungsaufgaben (strategischer Einkauf)*. In Ergänzung dazu sind *methodische Konzeptanalyse- und bewertungsaufgaben* sowie *Prototypenaufbau- und testaufgaben* zu sehen.

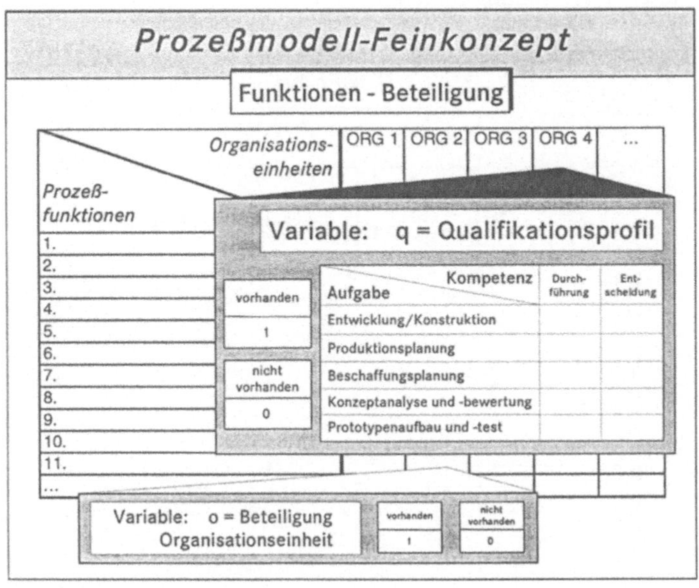

Abbildung 21: Variablen zur Bewertung der Aufbauorganisation

Abbildung 21 stellt neben der erläuterten *Qualifikationsprofilmatrix* die sogenannte *Beteiligungsmatrix* dar. Mittels der *Variable o (Beteiligung Organisationseinheit)* wird festgehalten, ob eine Organisationseinheit an einer Prozeßfunktion *durchführend* bzw. *entscheidend* beteiligt ist oder nicht. Die Matrixfelder können jeweils die Ausprägungen *vorhanden (1)* oder *nicht vorhanden (0)* aufweisen.

3.3.2.4 Variablen zur Bewertung der *Informationstechnologie*

Bei der Behandlung der prozeßspezifischen Informationstechnologie finden sowohl *Datenobjekte* in Form von *Entwicklungsdokumenten* als auch *Entwicklungswerkzeuge (Anwendungssysteme, Tools)* Berücksichtigung.

Entwicklungsdokumente

Unter Verwendung einer sogenannten *Dokumentenmatrix* werden im Prozeßmodell-Feinkonzept zunächst alle relevanten Dokumente den Prozeßfunktionen gegenübergestellt. Im Anschluß daran wird überprüft, ob und in welcher Form ein Dokument bei einer Prozeßfunktion verwendet wird. Hierzu wird die *Variable a (Verwendungsart)* benutzt. Ein Dokument kann dabei als *Funktionsinput*, *-output* oder *kombiniert* Verwendung finden.

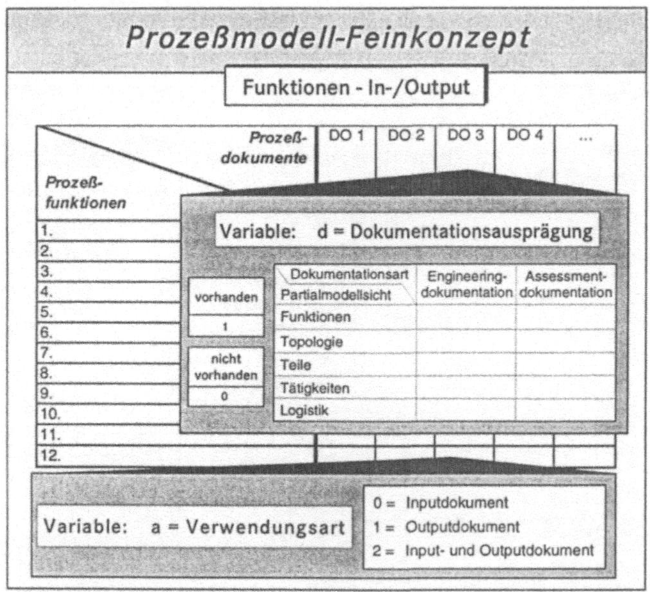

Abbildung 22: Variablen zur Bewertung der Entwicklungsdokumentation

In Ergänzung dazu wird jedem Dokument die *Variable d* zugeordnet (vgl. Abbildung 22). Diese drückt die *Dokumentationsausprägung* aus. Mittels der Variable d kann überprüft werden, ob bezüglich der unterschiedlichen Partialmodelle des Produktmodells eine *Engineering-* bzw. *Entscheidungsdokumentation* vorliegt.

Entwicklungswerkzeuge

Ebenfalls im Feinkonzept des Prozeßmodells wird auf der Basis einer sogenannten *Systemmatrix* überprüft, ob und welche Werkzeuge zur Unterstützung von Prozeßfunktionen eingesetzt werden. Die Zeilen der Systemmatrix repräsentieren die einzelnen Prozeßfunktionen, die Spalten existente Anwendungssysteme. Ist eine Toolunterstützung vorhanden, so kommt dies im entsprechenden Matrixfeld durch den Wert 1 der *Variable u (Werkzeugunterstützung)* zum Ausdruck. Wird die betrachtete Prozeßfunktion nicht durch das jeweilige Werkzeug unterstützt, nimmt die Variable u den Wert 0 an.

In Ergänzung dazu wird mit Hilfe der *Variablen w* jedem Anwendungssystem ein *Werkzeugeigenschaftsvektor* zugeordnet. Aufbauend auf einer Untersuchung modellbasierter Beschreibungsmittel und Werkzeuge zur Spezifikation und zum Entwurf von elektronischen Systemen [BORT94] sind für *Engineering-Werkzeuge* vor allem folgende Werkzeugeigenschaften *(w_E)* von Bedeutung:

- Mechanismen zur Wiederverwendung von Entwurfsdaten (Expertensystem)
- Mechanismen zur Komplexitätsbeherrschung (hierarchische Modelle)
- Fähigkeiten zur Simulation
- Möglichkeiten zur Vollständigkeits- und Konsistenzprüfung
- Aktualisierungsmechanismen für referenzierte Daten
- Möglichkeiten zur Unterstützung einer homogenen Dokumentation
- grafische Visualisierungsmöglichkeiten
- Anwenderfreundlichkeit

Im Bereich der *Assessment-Werkzeuge* unterstützen zahlreiche auf dem Markt erhältliche sogenannte Entscheidungshelfer den Anwender bei der Lösung komplexer Aufgaben, indem sie eine Strukturierung des Entscheidungsprozesses fördern und eine Einschätzung der Alternativen nach den Wertvorstellungen des Anwenders erlauben [NABE97]. Im Rahmen dieser Arbeit wird bei Werkzeugen zur Entscheidungsunterstützung *(Decision-Support-Systems DSS)* zwischen Werkzeugen zur Unterstützung von methodischen Produktbewertungen *(methodisches Assessment AM)* und Werkzeugen zum Aufbau und Test physikalischer Prototypen *(physikalisches Assessment AP)* während der Produktentwicklung unterschieden. Für die Betrachtung dieser Werkzeuge im Rahmen der ergebnisorientierten Prozeßgestaltung werden im folgenden die wichtigsten Systemeigenschaften zusammengestellt. Die notwendigen Werkzeugeigenschaften für die Unterstützung von methodischen Abstimmungs-Tätigkeiten *(w_{AM})* sind

- die Unterstützung einer Alternativenbewertung unter integrierten Aspekten,
- die Möglichkeit zur Gewichtung von Zielkriterien,
- die Möglichkeit zur Sensitivitätsanalyse,
- Mechanismen zur differenzierten Auswertung,
- die Ankopplung an den Entwicklungsdatenbestand,
- die Unterstützung der Entscheidungsdokumentation,
- Möglichkeiten zur grafischen Visualisierung der Bewertungsergebnisse sowie
- Anwenderfreundlichkeit.

Bei Werkzeugen zur Unterstützung von Prototypentests *(w_{AP})* sind vor allem die

- Unterstützung von Testmethoden,
- Generierung von Testdaten,
- Diagnoseschnittstelle zu Prototypen (-Fahrzeugen),
- Mechanismen zur differenzierten Auswertung,
- die Ankopplung an den Entwicklungsdatenbestand,
- die Unterstützung der Entscheidungsdokumentation,
- Möglichkeiten zur grafischen Visualisierung der Bewertungsergebnisse sowie
- Anwenderfreundlichkeit

von elementarer Bedeutung. Im Idealzustand tragen alle aufgeführten Werkzeugeigenschaften zu einer systematischen, fehlerminimalen und ergebnisorientierten Produktentwicklung bei.

3.4 Bewertungsmodell - Produkt

Zur Beurteilung der mittels des Produkt- und Prozeßmodells wertneutral abgebildeten Zusammenhänge kommt das *Bewertungsmodell* zum Einsatz. Dieses gliedert sich in ein *Schema zur Produktbewertung* und einen *Ansatz zur Prozeßbewertung.* Einen zentralen Bestandteil des *Produktbewertungsschemas* bilden Bewertungskriterien, die sich aus Eigenschaften der Produktmodellelemente zusammensetzen. Im konkreten Anwendungsfall werden durch definierte Bewertungsmaßstäbe den Bewertungskriterien *Punktwerte* zugeordnet. Nach erfolgter Gewichtung der einzelnen Kriterien können mittels geeigneter Kombinationsvorschriften die Bewertungsergebnisse auf verschiedenen *Aggregationsebenen* gegenübergestellt und verglichen werden. Zu jedem beliebigen Zeitpunkt während des Entwicklungsprozesses (z. B. zu verschiedenen Prototypenständen) ist es somit möglich festzustellen, ob und welche Ansatzpunkte zur Optimierung existieren. Die gewonnenen Erkenntnisse können sowohl direkt für eine *konzeptionelle Produktverbesserung* als auch indirekt für eine *Prozeßbewertung und -gestaltung* herangezogen werden.

In den folgenden Abschnitten werden die einzelnen Schritte und Einflußgrößen bei der Produktbewertung näher erläutert.

3.4.1 Produktbewertung auf Elementebene

Zur Durchführung einer Produktbewertung werden zunächst für jede Elementgruppe auf der Basis der im Produktmodell abgelegten Eigenschaften von Elementen einer Elementgruppe (vgl. Kapitel 3.2.2) *Bewertungskriterien* generiert.

	Bewertungskriterium	Informations-sicherheit	Wichtig-keit	Bewertungsmaßstab in Punkte		Bemerkung	Einfluß auf
	Anzahl unterschied-licher Kontaktsysteme	3	2	1 Ausführung 2 Ausführungen >2 Ausführungen	4 1 0	Vermeidung von Werkzeugwechsel in der Nacharbeit	Kosten; Qualität; Flexibilität
*	Anzahl Kontaktreser-ve je 10 Pins (über 10polige Stecker)	3	2	4 Pins 3 Pins 2 Pins 1 Pi...	4 3 2	Erweiterungs-möglichkeit	Flexibiliät

Tabelle 2: Tabelle zur Bewertung von Modellierungselementen

Bewertungskriterien korrelieren entweder direkt mit einer Elementeigenschaft oder stellen eine Kombination aus mehreren Elementeigenschaften dar. Die Generierung erfolgt in Besprechungen des interdisziplinären Prozeßmanagementteams (vgl. Abbildung 7). Tabelle 2 stellt den prinzipiellen Aufbau einer Tabelle zur Produktbewertung auf Elementebene dar. Neben den induktiv abgeleiteten Bewertungskriterien selbst sind deren *Informationssicherheit*, *Wichtigkeit*, *Bewertungsmaßstab* und *Einfluß-Klassifikation* von Bedeutung.

Die Berücksichtigung der *Informationssicherheit IS* zum Zeitpunkt der Produktbewertung ermöglicht die Betrachtung von Produktkonzepten in jedem Stadium der Entwicklung und auf unterschiedlichen Datenbasen. Zur Ermittlung des *Gewichtungsfaktors G* des jeweiligen Bewertungskriteriums wird die *Informationssicherheit IS* multiplikativ mit der im Prozeßteam erhobenen *Wichtigkeit W* des Kriteriums verknüpft. Im Gegensatz zu einer Verknüpfung durch Addition ergeben sich bei einer Multiplikation logisch korrekte Werte. Die Ermittlung von IS und W erfolgt mit Hilfe der in Tabelle 3 aufgeführten Bewertungsmaßstäbe.

Bewertungsmaßstäbe für		
Informationssicherheit IS	Wichtigkeit W	Punktwert P
Daten explizit vorhanden IS = 3 Punkte	hoch W = 3 Punkte	sehr gut P = 4 Punkte
gutes Erfahrungswissen IS = 2 Punkte	mittel W = 2 Punkte	gut P = 3 Punkte
nur Schätzwerte möglich IS = 1 Punkt	gering W = 1 Punkt	ausreichend P = 2 Punkte
Daten nicht vorhanden IS = 0 Punkte		noch tragbar P = 1 Punkt
		unbefriedigend P = 0 Punkte

Tabelle 3: Darstellung verschiedener Bewertungsmaßstäbe

Bei den Produktbewertungskriterien wird zwischen *monetär meßbaren und nicht monetär meßbaren* Kriterien unterschieden. Nicht monetär meßbare Bewertungskriterien werden punktbewertet. Somit ist es möglich, Werte von Kriterien, welche unterschiedliche Abbildungseinheiten besitzen, zusammenzufassen. Die Ergebnisse monetär meßbarer Bewertungskriterien werden keiner Transformation bezüglich ihrer Abbildungseinheit unterzogen und als DM-Werte ausgewiesen. Ist-Kosten können so direkt Plankosten oder Kosten vergleichbarer Produkte gegenübergestellt werden. In Ergänzung dazu werden nicht monetär meßbare, kostenverursachende Kriterien neben den absoluten Kosten aufgeführt. Der direkte Vergleich läßt Rückschlüsse auf das Kostenoptimierungspotential zu. Die Punktbewertung nicht monetär meßbarer Kriterien lehnt sich an die Punktbewertungsskala in Tabelle 3 an. Zuvor muß für jedes Kriterium ein entsprechender Bewertungsmaßstab festgelegt werden (vgl. Tabelle 2).

Da sich die Produktbewertungskriterien aus Elementeigenschaften ableiten lassen, können sie in gleicher Weise nach ihrem *Einfluß* auf die Rubriken Kosten, Qualität und Flexibilität *klassifiziert* werden. Ein Kriterium kann dabei gleichzeitig Einfluß auf mehrere Rubriken besitzen.

$$P_{EL_{K,Q,F}} = \frac{\sum_j G \cdot P_{j_{K,Q,F}}}{\sum_j G} \qquad (1)$$

Mit Gleichung (1) läßt sich für jedes Modellierungselement ein Punktwert für Kosten, Qualität und Flexibilität ermitteln. Dabei wird das gewichtete Mittel aus den Punktwerten aller Bewertungskriterien eines Elements, die einen Einfluß auf die jeweilige Rubrik haben, berechnet.

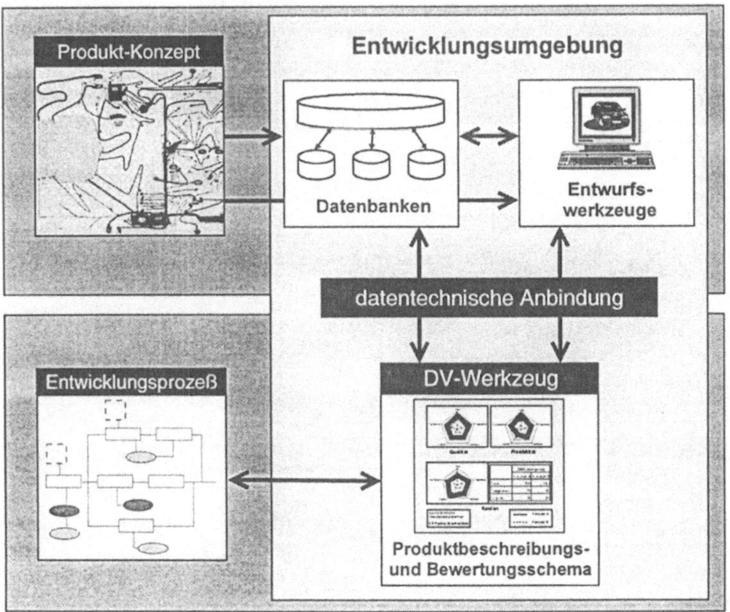

Abbildung 23: DV-technisches Umfeld bei der Produktbewertung

Den Großteil des Aufwands bei der Produktbewertung bildet die Erfassung der Ausprägungen der Bewertungskriterien für jedes Modellierungselement. Für die prototypische Anwendung im Rahmen der Methodenentwicklung wurden die Daten bei den verantwortlichen Bereichen abgefragt und in Excel-Worksheets übertragen. Für einen effizienten und kontinuierlichen Einsatz der Methode im Umfeld industrieller Entwicklungen ist es jedoch notwendig, eine der Abbildung 23 entsprechende datentechnische Anbindung zu vorhandenen Datenbanken und Entwurfswerkzeugen auf der Basis geeigneter Werkzeuge zu realisieren.

3.4.2 Aggregation der Produktbewertungsergebnisse

Ziel der Aggregation ist die Berechnung einer Gesamtpunktzahl für jedes Partialmodell bezüglich der Rubriken Produktkosten, -qualität und -flexibilität. Abbildung 24 zeigt das prinzipielle Vorgehen bei der Zusammenfassung von Bewertungsergebnissen über mehrere Betrachtungsebenen hinweg. Von der Element- bis zur Partialmodellebene werden insgesamt zwei *Aggregationsstufen* durchlaufen.

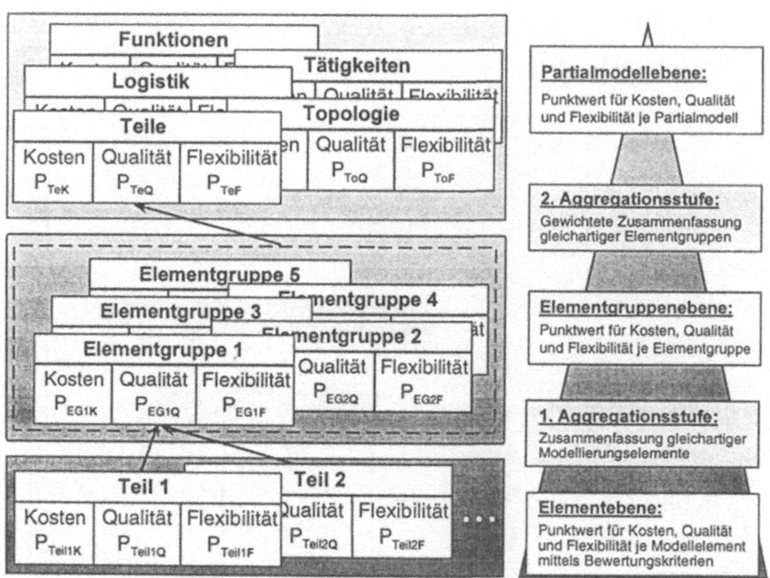

Abbildung 24: Vorgehen zur Aggregation der Produktbewertungsergebnisse

Bei der ersten Aggregation werden die Punktwerte gleichartiger Modellierungselemente (z. B. Steckverbindung 1, Steckverbindung 2, etc.) zu einem Punktwert für die jeweilige Elementgruppe (z. B. Steckverbindungen) zusammengefaßt. Dies geschieht durch eine Mittelwertbildung. Für die Kostenbetrachtung werden die DM-Beträge separat addiert.

Im Rahmen der zweiten Aggregation wird aus den Werten der einzelnen Elementgruppen der jeweilige Gesamtwert auf Partialmodellebene berechnet. Die unterschiedliche Bedeutung einzelner Elementgruppen eines Partialmodells kann bei der Mittelwertbildung durch den *Elementgruppen-Gewichtungsfaktor g* ausgedrückt werden.

Im folgenden wird auf zwei Sonderfälle bei der Aggregation von der Element- auf die Elementgruppenebene eingegangen.

Im ersten Fall wird eine Klassifikation und Gewichtung der Modellelemente im *Partialmodell Teile* entsprechend ihres Einflusses auf die Produktgesamtfunktion vorgenommen. Es wird dabei in Elemente (Teile) unterschieden, die für die Erfüllung der Produktgesamtfunktion essentiell und Teile, die nicht essentiell sind.

$$P_{Te_{EG_Q}} = \frac{1}{GF \cdot X + Y} \cdot \left(GF \cdot \sum_{x=1}^{X} P_{Te_{EL_{xQ}}} + \sum_{y=1}^{Y} P_{Te_{EL_{yQ}}} \right) \tag{2}$$

Da sich das Ausfallrisiko der Produktgesamtfunktion durch Bewertungskriterien der Bauteilqualität beschreiben läßt, wird eine Differenzierung der Modellelemente ausschließlich über die Punktwerte der *Teile-Qualität* vorgenommen. Wie in Gleichung (2) beschrieben, erfolgt dies auf der Elementebene mittels des *Gewichtungsfaktors GF*. Dabei existieren innerhalb einer Elementgruppe insgesamt *X essentielle* und *Y nicht essentielle* Bauteile. Die Punktwerte für Kosten und Flexibilität werden ohne besondere Gewichtung aggregiert.

Der zweite Sonderfall bezieht sich auf das *Partialmodell Tätigkeiten*. Entsprechend Gleichung (3) werden die Punktwerte von Elementen (Tätigkeiten) innerhalb der Elementgruppe *Montagetätigkeiten (Einzeltätigkeiten)* unter Berücksichtigung ihres *Zeitanteils* Z_{EL} bei der Montage zusammengefaßt.

$$P_{Tä_{EG}} = \frac{\sum_{EL} Z_{EL} \cdot P_{Tä_{EL}}}{\sum_{EL} Z_{EL}} \tag{3}$$

Zum Abschluß der Beschreibung der Aggregationssystematik wird in der nachfolgenden Tabelle 4 ein Überblick über alle bei der Produktbewertung und -aggregation verwendeten Größen zur Gewichtung gegeben.

Gewichtung für	Abkürzung	Bedeutung
Modellelement	GF	Gewichtungsfaktor für Bauteile, die für Produktgesamtfunktion essentiell sind.
Modellelement	Z_{EL}	Gewichtung von Einzeltätigkeiten entsprechend ihres Zeitanteils an der Montage.
Elementgruppe	g	Gewichtungsfaktor für Elementgruppen zur Differenzierung gegenüber anderen Elementgruppen eines Partialmodells
Produktbewertungskriterium	W	Wichtigkeit des Produktbewertungskriteriums im Vergleich zu anderen Bewertungskriterien
Produktbewertungskriterium	G = W · IS	Gewichtungsfaktor des Produktbewertungskriteriums (Kombination der Wichtigkeit mit der Informationssicherheit IS)

Tabelle 4: Gewichtungsgrößen im Rahmen der Produktbewertung

3.4.3 Interpretation der Produktbewertungsergebnisse

Die Integration des beschriebenen Vorgehens zur *Produktmodellierung und -bewertung* in das methodische Gesamtkonzept verfolgt primär die Zielsetzung, alle produktrelevanten Ausgangsinformationen für die ergebnisorientierte Prozeßbewertung und -gestaltung bereitzustellen. Darüber hinaus können die Ergebnisse der Produktbewertung direkt für eine systematische Produktoptimierung herangezogen werden. Abbildung 25 stellt den gesamten Zyklus bei der Produktbetrachtung sowie die verschiedenen Nutzungsmöglichkeiten dar.

3.4.3.1 Produktbewertung als Grundlage einer konzeptionellen Produktverbesserung

Das Schema zur Produktbewertung erlaubt sowohl eine vergleichende Betrachtung als auch eine absolute Bewertung von Produktkonzepten zu unterschiedlichen Zeitpunkten während der Entwicklung. Durch die pragmatische Ermittlung von Bewertungsergebnissen auf unterschiedlichen Betrachtungsebenen sind differenzierte Aussagen über konzeptionelle Optimierungspotentiale möglich. Dabei nimmt die Gesamtaussagekraft von der Elementebene zur Partialmodellebene zu, während der Detaillierungsgrad der Ergebnisse abnimmt.

Zum direkten Vergleich verschiedener Produktkonzepte liefert die Partialmodellebene aussagekräftige Ergebnisse. Hierbei können die unterschiedlichen Konzepte bezüglich einer bestimmten *Rubrik (Kosten, Qualität, Flexibilität)* und einer bestimmten *Partialmodellsicht (z. B. Partialmodell Teile)* miteinander verglichen werden. Vorgegebene Produktanforderungen (z. B. hohe Teilequalität bei geringen Montagekosten) können so hinsichtlich ihrer Zielerreichung untersucht werden.

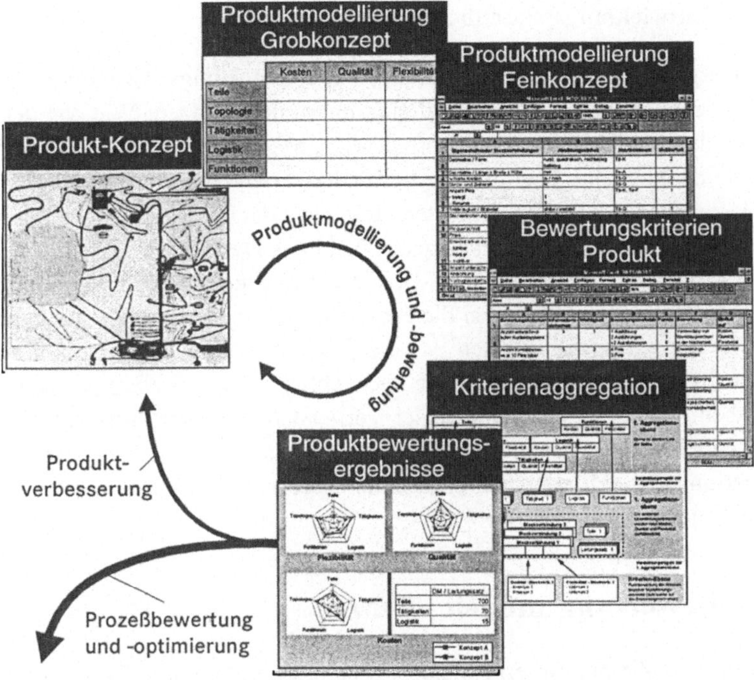

Abbildung 25: Vorgehen bei der Produktmodellierung und -bewertung

Nach erfolgter Lokalisierung der zu optimierenden Sichten und Rubriken kann der gewählte Betrachtungsschwerpunkt auf der Elementgruppenebene vertieft werden. Hierbei können durch den Vergleich der verschiedenen Elementgruppen diejenigen Gruppen bestimmt werden, die bezüglich der jeweiligen Rubrik den niedrigsten Punktwert und somit das größte Verbesserungspotential besitzen. Schließlich können die auf der Elementgruppenebene erreichten Punktwerte sowohl im Hinblick auf Einzelelemente als auch auf die gewichteten Bewertungskriterien analysiert werden.

Die Produktbewertungsergebnisse können sowohl auf Arbeits- als auch auf Managementebene als Diskussions- und Entscheidungsgrundlage für eine zielorientierte Produktentwicklung genutzt werden. Verschiedene konstruktive Lösungen können so gegenübergestellt und quantitativ bewertet werden. Eine Visualisierung und Interpretation der Zusammenhänge wird durch unterschiedliche Visualisierungstechniken (z. B. Spintographen, Balkendiagramme) unterstützt.

3.4.3.2 Produktbewertung als Grundlage für die ergebnisorientierte Entwicklungsprozeßbewertung

Ziel der ergebnisorientierten Gestaltung von Entwicklungsprozessen ist es, eine optimale Produkt- und Produktionsdefinition zu unterstützen. Wie aus dem Vorgehensmodell in Abbildung 8 ersichtlich wird, besteht hierzu an mehreren Stellen des Methodenkonzepts eine direkte Verbindung zwischen den produkt- und den prozeßbezogenen Methodenelementen. Die sich daraus ergebende Gesamtkomplexität kann durch eine projektadäquate Wahl des Detaillierungsgrads beim Aufbau der Modelle reduziert werden. Den Ausgangspunkt für eine ergebnisorientierte Prozeßuntersuchung stellen die Produktbewertungsergebnisse auf den unterschiedlichen Aggregationsebenen dar. Schwachstellen des Produkts können entwurfsspezifische (konstruktive) oder auch entwicklungsprozeßspezifische Ursachen haben. Während im Rahmen der vorliegenden Arbeit entwurfsspezifische Ursachen nicht explizit ermittelt werden, zielt der in Kapitel 3.5 beschriebene Prozeßbewertungsansatz darauf ab, entwicklungsprozeßspezifische Problemursachen aufzudecken und für eine Prozeßgestaltung zu nutzen.

3.5 Bewertungsmodell - Prozeß

Eine zentrale Rolle bei der ergebnisbezogenen Beurteilung und Planung von Entwicklungsprozessen spielt der im folgenden Kapitel beschriebene *Prozeß-Bewertungsansatz* [NOHE97]. Detailliert erläutert werden die einzelnen Module des Ansatzes und deren Verbindungen sowohl zu dem integrierten *Produkt-Bewertungsschema* als auch zu dem Methodenelement *Prozeßmodell.* Die Prozeßbewertung ermöglicht die Behandlung der definierten Betrachtungssichten *Ablauforganisation (AB)*, *Aufbauorganisation (AU)* und *Informationstechnologie (IT)* hinsichtlich der Betrachtungsarten *Entwurfs-* und *Abstimmungssituation.*

3.5.1 Bewertung der *Ablauforganisation*

Eine ergebnisorientierte Bewertung der entwicklungsprozeßspezifischen Ablauforganisation erfolgt auf der Basis der Beschreibung einer idealtypischen Referenzsituation sowie darauf aufbauender, quantitativer Bewertungskriterien.

3.5.1.1 Methodischer Leitgedanke

Zur Definition einer prozeßstrukturunabhängigen Idealsituation wird zunächst eine ergebnisorientierte *Produktentwurfsmethodik* beschrieben. Die methodischen Ausführungen werden dabei am Beispiel von Elektrik/Elektronik (E/E)-Produkten im Automobilbau verdeutlicht.

Wie in Abbildung 26 und 27 dargestellt ist, wird bei der Produktentwurfsmethodik von drei wesentlichen *Entwicklungsphasen* ausgegangen:

- *Logische Entwurfsphase (Phase 1)*
  Während der logischen Entwurfsphase liegt der Schwerpunkt der Entwicklung maßgeblich auf der Festlegung bzw. Spezifikation von Produktfunktionen, welche zur Realisierung geforderter Ausstattungsmerkmale des Fahrzeugs (z. B. Antiblockiersystem, Airbag) erforderlich sind.

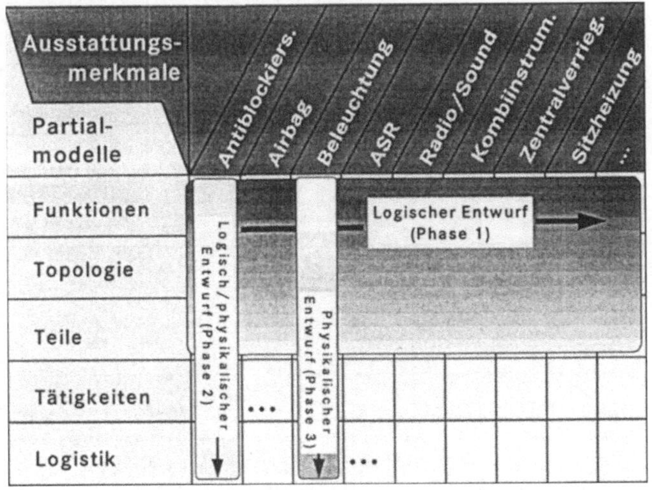

Abbildung 26: Ergebnisorientierte Produktentwurfsmethodik

Bei der E/E-Entwicklung gilt es, in dieser Phase elektronische Systeme (Steuergeräte) mittels geeigneter Methoden und Werkzeuge schaltungs- und regelungstechnisch funktional auszulegen. Darüber hinaus sind grobe Vernetzungs- und Verkabelungsstrukturen unter Berücksichtigung vorhandener elektrischer und mechanischer (karosserieseitiger) Randbedingungen zu formulieren. Während dieser Phase werden die Partialmodelle *Funktionen*, *Topologie* und in geringem Maße (indirekt) *Teile* beeinflußt und dadurch deren Reifegrad erhöht. Die Partialmodelle *Tätigkeiten* und *Logistik* sind in diesem Entwicklungsstadium nicht zu beeinflussen, wodurch sich kein Zuwachs des entsprechenden Partialmodellreifegrads ergibt.

- *Logisch-physikalische Entwurfsphase (Phase 2)*
  Im Rahmen der logisch-physikalischen Phase werden alle Produktaspekte (Partialmodelle) in integrierter Weise entwickelt. Hierbei ist auf eine möglichst ausgewogene Produktgestaltung zu achten bei der alle wichtigen Produktaspekte ganzheitlich betrachtet werden. Somit sind Beeinflussungen bezüglich aller Partialmodelle zulässig und erforderlich. Zum Ende dieser Phase ist die aktive Funktions- und Topologiebeeinflussung abgeschlossen.

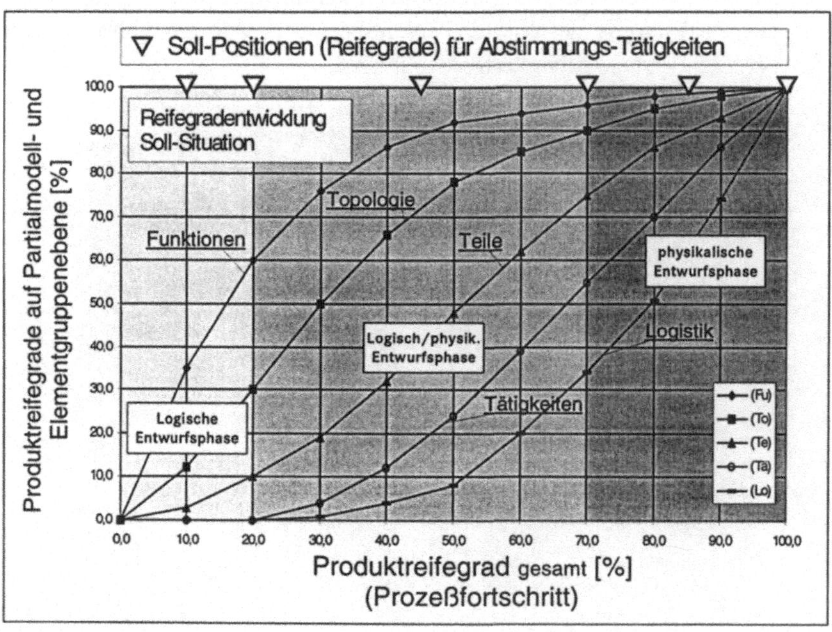

Abbildung 27: Idealtypische Reifegradentwicklung und -abstimmung

Bei der Entwicklung von Kabelbäumen gilt es in diesem Stadium, auf der Basis der vorhandenen Funktionsspezifikation, die Kabelbaumtopologie (Verlegewege und Bauräume), verwendete Teile (z. B. Leitungen, Steckverbindungen, Tüllen), notwendige Tätigkeiten (z. B. Montagetätigkeiten) und geeignete Logistikkonzepte (z. B. Anlieferkonzept) zu definieren.

- *Physikalische Entwurfsphase (Phase 3)*
  In der letzten Entwurfsphase geht es um die endgültige Definition und Auswahl von Teilen sowie die Festlegung der Tätigkeits- und Logistikeigenschaften für das jeweilige Produkt. Beeinflussungen der Produktfunktionen und -topologie finden nur noch aufgrund notwendiger Anpassungen an die aktuelle Teile-, Tätigkeits- und Logistikstruktur statt. Nach Abschluß der dritten Phase ist das Produkt vollständig definiert und der Entwicklungsprozeß beendet.

Auf der Grundlage der beschriebenen Entwicklungsphasen lassen *sich idealtypische Reifegradverläufe* für die einzelnen Partialmodellsichten des zu entwickelnden Produkts definieren (vgl. Abbildung 27). Diese gelten gleichzeitig für alle Elementgruppen eines Partialmodells. Der Gesamtproduktreifegrad ist dabei eindeutig über eine Mittelwertfunktion mit den jeweiligen Produktreifegraden auf Partialmodellebene verknüpft. Die Steigungen der Kurven repräsentieren die Beeinflussungsstärken, die je nach Phase und Entwicklungsstadium variieren. Der Gesamtproduktreifegrad repräsentiert den Fortschritt des Entwicklungsprozesses. Der Fortschritt wird demnach nicht an der Entwicklungszeit gemessen, sondern an der jeweiligen Reife des zu entwickelnden Produkts.
Die idealtypischen Reifegradverläufe stützen sich auf die im folgenden beschriebenen und durch Praxisuntersuchungen bestätigten Eckwerte. So beträgt der Gesamtproduktreifegrad R zu Beginn des Prozesses 0% und nach Abschluß 100%. Innerhalb der ersten Phase steigt der Partialmodellreifegrad *Funktionen* auf ca. 60% an, während der Gesamtproduktreifegrad ungefähr 20% erreicht. In der zweiten Phase steigt R durch quasiparallele Anstiege der Partialmodellreifegrade auf bis zu 70% an. Nach Abschluß der zweiten Phase betragen die Reifegrade der Partialmodelle *Funktionen* und *Topologie* jeweils mindestens 90%. Dabei kann es zu projektspezifischen Anpassungen der Verläufe kommen. So ist lediglich bei einer Neuentwicklung von einem Gesamtproduktreifegrad $R = 0\%$ auszugehen. Bei Änderungs- und Anpassungskonstruktionen kann die Betrachtung bei einem entsprechend höheren Reifegrad begonnen werden.

Mit Hilfe der im *Prozeßmodell-Feinkonzept* abgelegten Produktbeeinflussungen (vgl. Abbildung 19) können sowohl für die Soll- als auch für die Ist-Situation entsprechende Reifegradkurven auf Elementgruppenebene dargestellt und verglichen werden. Hierzu müssen die Soll-Werte aus den Referenzkurven angepaßt und auf die jeweilige Ist-Segmenteinteilung umgerechnet werden. Dies geschieht mittels linearer Interpolation. Wie aus Abbildung 28 deutlich wird, stellen der *Gesamtproduktreifegrad R* und die *Elementgruppenreifegrade r* im Ist- und im

Soll-Zustand die zentralen Größen zur Bewertung der Engineering-Structure bezüglich der Ablauforganisation dar. Darauf aufbauend können für jedes Prozeßsegment *Soll- und Ist-Anstiege* sowie die *Steigungsabweichungen* berechnet werden. Hieraus läßt sich ableiten, ob in einem Segment eine Elementgruppe zu stark oder zu schwach beeinflußt wird.

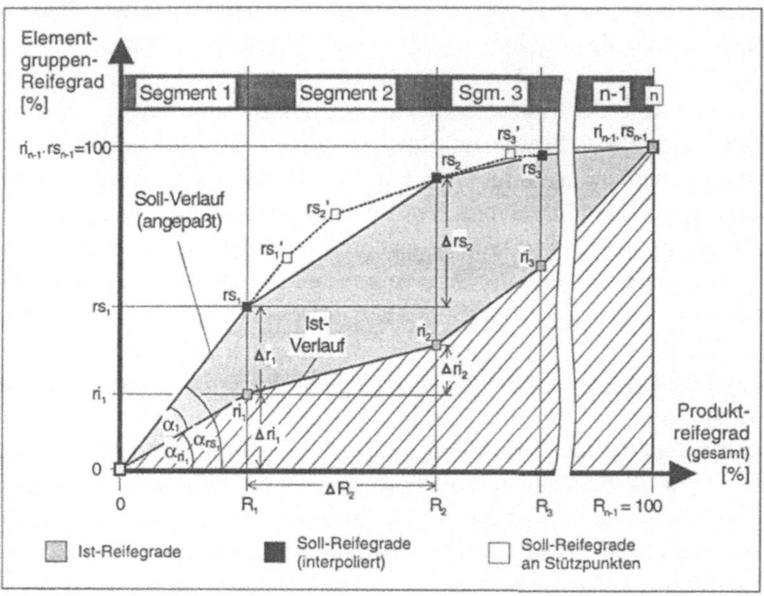

Abbildung 28: Reifegradentwicklung auf Elementgruppenebene

Des weiteren ist von elementarer Bedeutung, ob und wieviel der jeweilige Ist-Elementgruppenreifegrad nach dem betrachteten Segment vom Soll-Wert abweicht. Daran läßt sich erkennnen, ob der betrachtete Elementgruppenreifegrad am jeweiligen Meßpunkt zu hoch oder zu niedrig ist. Beide Arten der *Abweichung* können sich negativ auf das Entwicklungsergebnis auswirken und sind deshalb zu vermeiden.

Bei der Auslegung der Methode wurde explizit darauf geachtet, daß auf Basis der Bewertungsergebnisse konkrete Hinweise für Prozeßverbesserungen gegeben werden können. Dies hat u. a. dazu geführt, nicht nur die segmentbezogene Flächendifferenz zwischen dem Ist- und dem Soll-Verlauf bei der Reifegradentwicklung zu betrachten, sondern die Aspekte *Steigung* und *absolute Abweichung* separat zu untersuchen.

Von grundlegender Bedeutung bei der Betrachtung der Ablauforganisation bezüglich der *Assessment-Structure* ist die Anzahl, die Plazierung und die Tragweite von Abstimmungs-Tätigkeiten im Prozeß. Eine regelmäßige Durchführung von systematischen Konzeptüberprüfungen unterstützt dabei eine ziel- und kundenorientierte Produktentwicklung unter Berücksichtigung aller relevanten Entwurfsaspekte. Zur Vervollständigung der ablauforganisationsbezogenen Referenzsituation wurde ein Szenario für die idealtypische *Anordnung von Abstimmungs-Tätigkeiten* entwickelt (vgl. Abbildung 27). Dieses Szenario sieht vor, daß nach Abschluß jeder Entwurfsphase und zum Ende des Prozesses eine Abstimmungs-Tätigkeit stattfinden muß. Ferner wird für eine zielgerichtete Festlegung der unterschiedlichen Produktaspekte und -eigenschaften vorgeschlagen, jeweils in der Mitte einer Entwurfsphase eine Konzeptabstimmung durchzuführen.

Zur Bewertung der ablauforganisationsbezogenen Assessment-Structure wird gedanklich in eine *Forward-* und eine *Backward-Betrachtung* unterschieden. Bei der Forward-Betrachtung wird untersucht, auf welcher Informationsgrundlage (Abstimmungsniveau) Reifegrade entwickelt werden. Die Backward-Betrachtung berücksichtigt die möglichen Auswirkungen (Rücksetzungsumfänge) auf Reifegrade bei negativen Konzeptentscheidungen.

Ähnlich der Verfolgung der Reifegradanstiege werden auch diesmal die jeweilige Ist-Situation und die Soll-Situation gegenübergestellt und miteinander verglichen. Aus Abbildung 29 erkennt man, daß dies mittels unstetiger Treppenfunktionen realisiert wird. Die Sprungstellen repräsentieren einzelne Abstimmungs-Tätigkeiten. Interpretiert man beispielhaft die Soll-Situation in Abbildung 29, so erkennt man, daß Soll-Abstimmungen jeweils an den durch die Soll-Situation (vgl. Abbildung 27) vorgegebenen Gesamtproduktreifegraden Rs plaziert sind. Die jeweilige Elementgruppe durchläuft im Idealfall sechs Abstimmungen um optimal entwikkelt zu werden. Bei den verschiedenen Abstimmungen wird über die schon definierten Elementgruppeneigenschaften hinsichtlich ihrer Ausprägungen entschieden. So wird im Soll-Zustand z. B. bei einem Gesamtproduktreifegrad Rs_1 über den Elementgruppenreifegrad rs_{A1} abgestimmt. Im Anschluß daran können bis zu einem Reifegrad Rs_2 alle weiteren Produkteigenschaften auf der Grundlage eines einmal abgestimmten Elementgruppenreifegrads (Niveau 1) weiterentwickelt werden. Das mathematische Produkt aus dem abschnittsweisen Gesamtproduktreifegradzuwachs und dem dazugehörigen abstimmungsrelevanten Elementgruppenreifegrad wird im folgenden als *Abstimmungsausmaß* bezeichnet.

Da im Ist-Zustand aufgrund einer möglichen Parallelläufigkeit von Prozeßfunktionen nicht zwingend über den gesamten bereits definierten Elementgruppenreifegrad abgestimmt wird, dient der sogenannte *abstimmungsrelevante Elementgruppenreifegrad* r_A als Bewertungsgrundlage. Dieser ergibt sich durch Summation aller Elementgruppenbeeinflussungen, die bei einem unidirektionalen Durchlaufen des Prozesses vom Prozeßbeginn bis zur jeweiligen Abstimmungstätigkeit tangiert werden.

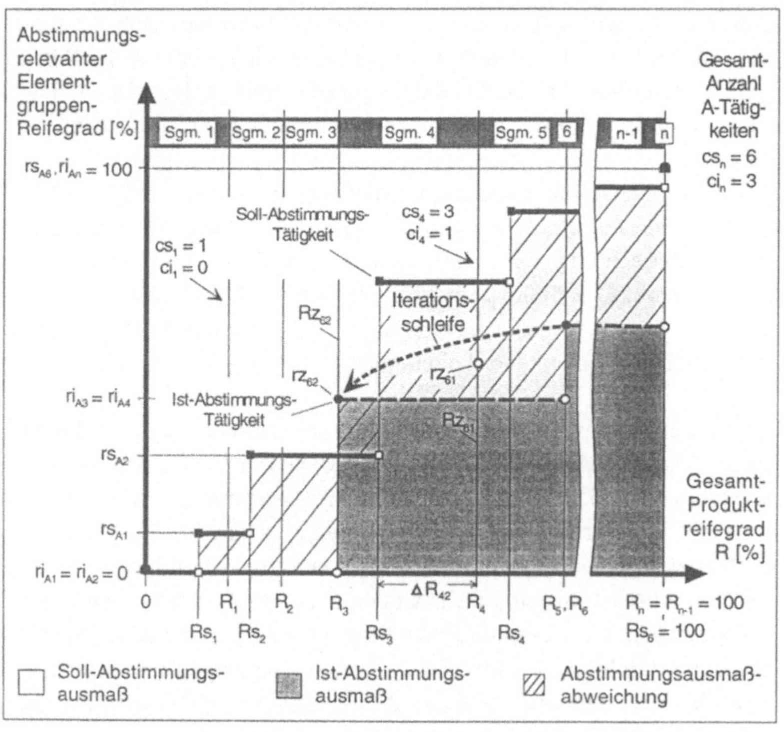

Abbildung 29: Berechnungsgrößen zur Bewertung der ablauforganisationsbezogenen Assessment-Structure

Für die Betrachtung der *Abstimmungsauswirkungen* werden im Prozeß auftretende Iterationsschleifen in Abschnitte zerlegt. Von Bedeutung sind hierbei die jeweiligen Gesamtproduktreifegrade *Rz* und Elementgruppenreifegrade *rz* auf die durch die Iteration zurückgesetzt werden kann.

3.5.1.2 Bewertungskriterien - *Engineering-Structure*

Zentrales Merkmal zur Bewertung der Ablauforganisation in bezug auf *die Engineering-Structure* (Entwurfssituation) eines Entwicklungsprozesses ist die *Reifegradentwicklung* des jeweiligen Produkts. Im folgenden wird eine Systematik beschrieben, mit der Engineering-Tätigkeiten eines Prozesses hinsichtlich ihres Beitrags zur Produktdefinition quantitativ bewertet werden können. Die Segmentbeurteilung erfolgt dabei mit Hilfe formalisierter Bewertungskriterien. Diese greifen jeweils einen wichtigen Planungsaspekt bei der Prozeßgestaltung heraus und ermöglichen diesbezüglich eine quantitative Bewertungsaussage. Ein Bewertungskriterium besteht aus einer Berechnungsvorschrift, mit Hilfe derer ein Punktwert in einem Wertebereich ermittelt werden kann. Die entsprechende Kennzahl setzt sich aus unterschiedlichen Kenngrößen (Variablen) zusammen. Die Punkteskala für die Prozeßbewertungskriterien reicht generell von 0 (worst case) bis 10 Punkte (best case), was bei der Auswertung der Ergebnisse intuitive Rückschlüsse auf geläufige Prozentangaben erlaubt. Unterstützt werden dadurch auch ausreichend differenzierte Aussagen über die Lokalität und die Quantität von Prozeßoptimierungspotential.

Das erste Kriterium zur Bewertung der Ablauforganisation *BK1* deckt den Aspekt der Überprüfung der *Reifegradzuwächse* durch Engineering-Tätigkeiten ab. Es findet für jedes Segment eine Bewertung des *Reifegradanstiegs* bezüglich der jeweiligen Elementgruppe statt. Diese dient als Maß für eine zu hohe oder zu niedrige Beeinflussung der Elementgruppen-Eigenschaften. Wie aus der Kennzahl 1 in Abbildung 30 ersichtlich wird, stützt sich das erste Bewertungskriterium auf den elementgruppenspezifischen *Steigungsabweichungswinkel* α und den *Bezugs-Steigungswinkel* α_b. Gemäß Gleichung (4) stellt der Steigungsabweichungswinkel α die Differenz zwischen dem *Ist-* und dem *Soll-Steigungswinkel* dar.

$$\alpha = |\alpha_{rs} - \alpha_{ri}| \tag{4}$$

Der Bezugs-Steigungswinkel α_b ergibt sich aus Gleichung (5).

$$\alpha_b = \begin{Bmatrix} \alpha_{rs} \text{ für } \alpha_{ri} \leq 2\alpha_{rs} \wedge \alpha_{rs} \neq 0 \\ \alpha \text{ für } \alpha_{ri} > 2\alpha_{rs} \\ 1 \text{ für } \alpha_{ri} = \alpha_{rs} = 0 \end{Bmatrix} \tag{5}$$

Ist der Ist-Steigungswinkel gleich dem Soll-Steigungswinkel, so werden für BK 1 10 Punkte vergeben. Sobald der Ist-Steigungswinkel größer oder gleich dem doppelten Soll-Steigungswinkel ist, werden 0 Punkte vergeben. Ebenfalls 0 Punkte werden vergeben, wenn kein Ist-Anstieg vorhanden, jedoch ein Soll-Anstieg gefordert ist. Die Ist-Steigung wird generell relativ zur Soll-Steigung bewertet, d. h. eine Steigungswinkel-Abweichung von 4° wird bei einem Soll-Steigungswinkel von ebenfalls 4° schlechter bewertet als im Fall eines Soll-Winkels von 50°.

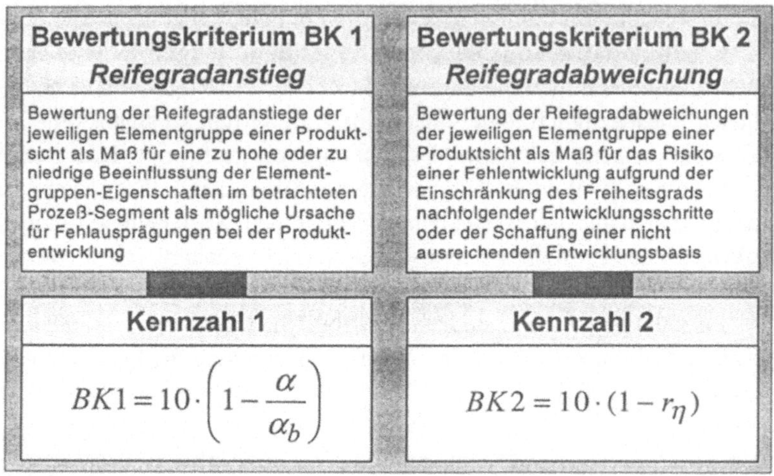

Abbildung 30: Kriterien zur Bewertung der *ablauforganisationsbezogenen Engineering-Structure*

Da in einem Prozeßsegment der Ist-Reifegradanstieg gleich dem geforderten Soll-Anstieg ausgeprägt sein kann, jedoch das absolute Reifegradniveau zu *hoch (ri > rs)* oder zu *niedrig (ri < rs)* liegen kann, wurde das Bewertungskriterium *BK2* formuliert. Bei der Bewertung der absoluten *Abweichungen* des jeweiligen Elementgruppen-Reifegrads wird von dem Risiko einer Fehlentwicklung, aufgrund eingeschränkter Freiheitsgrade bezüglich nachfolgender Entwicklungsschritte oder der Schaffung einer nicht ausreichenden Entwicklungsbasis bezogen auf alle anderen Elementgruppen, ausgegangen.

Die Bewertung erfolgt mit Hilfe der sogenannten *Abweichungszahl* r_η. Diese wird direkt aus der absoluten Reifegradabweichung der jeweiligen Elementgruppe im betrachteten Segment ermittelt. So werden bei der Überschreitung einer Toleranzgrenze von 5% in Abweichungsintervallen von ebenfalls 5% jeweils 1 Punkt von der Maximalpunktzahl abgezogen. Ab einer Reifegradabweichung von 50% werden keine Punkte mehr vergeben.

3.5.1.3 Bewertungskriterien - *Assessment-Structure*

Das Bewertungskriterium *BK3* umfaßt die Bewertung des *Abstimmungsausmaßes* im jeweiligen Prozeß als Grundlage für das Erkennen von Prozeßoptimierungspotentialen bezüglich der Anzahl und der Plazierung sowie des Umfangs von Abstimmungs-Tätigkeiten zur Konzeptbeurteilung. Hierzu wird ein Verhältnis aus der *Abweichung des Abstimmungsausmaßes* ΔA und dem jeweiligen *Bezugs-Abstimmungsausmaß* A_b gebildet (vgl. Abbildung 31).

Wie in Gleichung (6) dargestellt, ergibt sich die Abweichung des Abstimmungsausmaßes ΔA aus der Summation der segmentabschnittsbezogenen Flächendifferenzen zwischen dem Soll- und dem Ist-Zustand.

$$\Delta A = \sum_{x=1}^{\Delta cs+1} \left| As_x - Ai_x \right| \text{ mit } \Delta cs = cs_i - cs_{i-1} \tag{6}$$

Die Anzahl der Soll-Abstimmungen im jeweiligen Segment wird dabei mit Δcs, die Anzahl der Ist- und Soll-Abstimmungen bis zum betrachteten Gesamtproduktreifegrad ci und cs bezeichnet. Die Laufvariable für Segmentabschnitte ist x. Abbildung 29 stellt beispielhaft Flächendifferenzen dar, die bei der Betrachtung des Abstimmungsausmaßes von Bedeutung sind. Flächenanteile aus zu früh und zu umfangreichen Abstimmungen fließen negativ in die Berechnung ein. Diese werden durch die Verwendung des Betrags in Gleichung (6) mitberücksichtigt.

$$A_b = \begin{Bmatrix} \sum As_x \text{ für } \sum As_x \neq 0 \wedge \sum Ai_x \leq 2\sum As_x \\ \Delta A \text{ für } \sum Ai_x > 2\sum As_x \\ 1 \text{ für } \sum As_x = \sum Ai_x = 0 \end{Bmatrix} \tag{7}$$

Die Bestimmung des *Bezugs-Abstimmungsausmaßes* A_b wird durch Gleichung (7) beschrieben. Existiert im jeweiligen Prozeßsegment keine Flächendifferenz zwischen Ist- und Soll-Zustand, so werden für das dritte Kriterium 10 Punkte vergeben. Falls die Ist-Fläche größer oder gleich der doppelten Soll-Fläche ist, werden 0 Punkte vergeben.

Das letzte Kriterium zur ergebnisorientierten Bewertung der Ablauforganisation *BK4* umfaßt die Bewertung möglicher *Abstimmungsauswirkungen* einer Iterationsschleife als Maß für die Eignung der Rücksetzung des betrachteten Elementgruppen-Reifegrads (vgl. Abbildung 31). In diesem Zusammenhang ist vor allem die

Nichtunterschreitung festgelegter und freigegebener Gesamtprodukt- und Elementgruppenreifegrade an Phasenübergängen von Bedeutung. Hierzu wurden bei der Formulierung des Kriteriums die *Rücksetzungszahl* v_η für den Elementgruppen-Reifegrad und die *Rücksetzungszahl* z_η für den Gesamtprodukt-Reifegrad definiert.

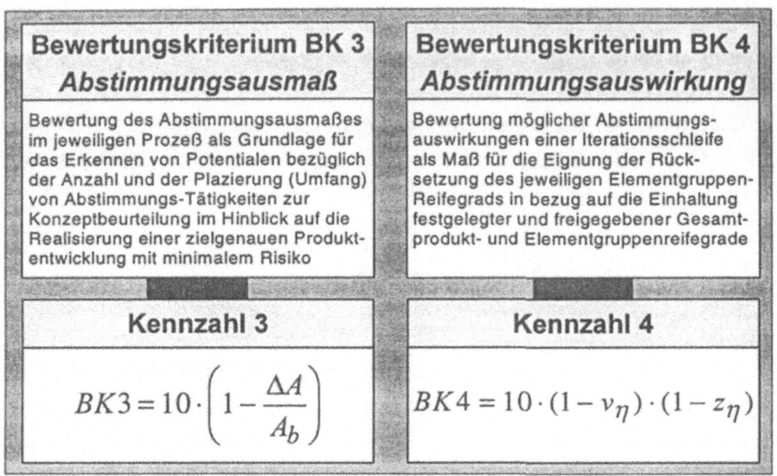

Abbildung 31: Kriterien zur Bewertung der *ablauforganisations-bezogenen Assessment-Structure*

Wird ein Elementgruppenreifegrad r durch eine Abstimmungs-Tätigkeit auf den *Elementgruppenreifegrad* rz_y nach dem jeweiligen Schleifenabschnitt (Schleifenende) zurückgesetzt, so führt dies zum einen zu einer Verringerung des jeweiligen Elementgruppenreifegrads selbst, als auch zu einer Reduzierung des Gesamtprodukt-Reifegrads. Es kann der Fall eintreten, daß die jeweilige Rücksetzung des Elementgruppenreifegrads innerhalb der vorgegebenen Toleranzgrenze liegt, diese Rücksetzung den Gesamtproduktreifegrad jedoch unzulässig zurückfallen läßt. Dies kann dann auftreten, wenn die Ist- und Soll-Kurven differieren oder die Abstimmung nur Teilumfänge des Produkts umfaßt. Der Gesamtproduktreifegrad nach dem jeweiligen Schleifenabschnitt wird mit Rz_y ausgewiesen. Durch die Verwendung zweier getrennter Rücksetzungszahlen können beide Aspekte berücksichtigt und für die Bewertung kombiniert werden.

Im folgenden werden zur Erläuterung der entsprechenden Referenzsituation als auch zur Vorstellung des Verfahrens zur Ermittlung der Rücksetzungszahlen

Tabelle 5 und Abbildung 27 herangezogen. Das Vorgehen ist für beide Rücksetzungszahlen analog. Zur Ermittlung der Rücksetzungszahl z_η für den Gesamtprodukt-Reifegrad kommt es zunächst auf den Gesamtprodukt-Reifegrad R nach der jeweiligen Abstimmungs-Tätigkeit an. Dieser bestimmt die für die Betrachtung relevante Spalte in Tabelle 5. Ferner wird mittels des Gesamtprodukt-Reifegrads nach dem jeweiligen Schleifenabschnitt (Schleifenende) Rz_y die aktuelle Zeile der Tabelle ausgewählt. Dadurch ist das gültige Tabellenfeld und somit auch die *Berechnungsvorschrift* für z_η eindeutig bestimmt.

z_η \ R / Rz_y	$0 < R \leq Rs_1$	$Rs_1 < R \leq Rs_2$	$Rs_2 < R \leq Rs_3$	$Rs_3 < R \leq Rs_4$	$Rs_4 < R \leq Rs_5$	$Rs_5 < R \leq 100$
$Rz_y < Rs_1$	0	$\frac{Rs_1 - Rz_y}{Rs_1}$	1	1	1	1
$Rs_1 \leq Rz_y < Rs_2$	-	0	1	1	1	1
$Rs_2 \leq Rz_y < Rs_3$	-	-	0	$\frac{Rs_3 - Rz_y}{Rs_3 - Rs_2}$	1	1
$Rs_3 \leq Rz_y < Rs_4$	-	-	-	0	1	1
$Rs_4 \leq Rz_y < Rs_5$	-	-	-	-	0	$\frac{Rs_5 - Rz_y}{Rs_5 - Rs_4}$
$Rs_5 \leq Rz_y < 100$	-	-	-	-	-	0

Tabelle 5: Vorschriften zur Ermittlung der *Rücksetzungszahl* z_η

Wird bei einer Reifegradrücksetzung eine Phasengrenze überschritten, so wird die jeweilige Rücksetzungszahl 1 und das Kriterium erhält 0 Punkte. Bei einer Rücksetzung innerhalb einer Entwurfsphase wird in *zwei Fälle* unterschieden. Eine Rücksetzung bis auf die Werte der letzten Soll-Abstimmungstätigkeit ist zulässig und wird mit 10 Punkten bewertet. Für eine Rücksetzung über die letzte Soll-Abstimmungstätigkeit hinaus bis hin zur Vorletzten werden linear abfallend Punkte vergeben.

Die Bewertungssystematik ist in weiten Teilen prozeßmodellierungsunabhängig. Es sollte jedoch darauf geachtet werden, daß ein ausreichender Detaillierungsgrad vorhanden ist, um adäquate Bewertungsaussagen treffen zu können. Zur Bewertung der Assessment-Structure ist es erforderlich, daß nach Erreichen von 100% Gesamtproduktreifegrad (Prozeßende) eine Abstimmungs-Tätigkeit modelliert ist. Abstimmungen auf Eigenschaftsebene werden nicht berücksichtigt.

3.5.2 Bewertung der *Aufbauorganisation*

Analog zur Bewertung der Ablauforganisation werden bei der Aufbauorganisation Engineering- und Abstimmungs-Tätigkeiten des Entwicklungsprozesses getrennt voneinander untersucht. Dies ist sinnvoll, da für beide Tätigkeitsarten unterschiedliche Anforderungen an die Qualifikation der Ausführenden gestellt werden. Als Grundlage für die Formulierung der entsprechenden Bewertungskriterien wird wiederum eine idealtypische Bezugssituation vorgestellt. Die Ausführungen gelten dabei für komplexe Produkte wie z. B. Kraftfahrzeuge, die arbeitsteilig entwickelt werden müssen.

3.5.2.1 Methodischer Leitgedanke

Unter systemtheoretischen Gedanken sind zur Beschreibung einer prozeßunterstützenden Unternehmensaufbauorganisation deren Elemente und die Beziehungen dieser Elemente untereinander zu beschreiben. Dies führt in einem ersten Schritt zur Definition von *idealtypischen Organisationseinheiten* zur ergebnisorientierten Produktentwicklung. Hierzu ist es notwendig, deren *Qualifikationsprofil* durch die Zuordnung von Kompetenzen bezüglich der auszuführenden Teilaufgaben während eines integrierten Entwicklungsprozesses zu definieren (vgl. Abbildung 32). Dabei wird davon ausgegangen, daß eine Organisationseinheit aus minimal einem Mitarbeiter besteht. Darüber hinaus werden keine weiteren Kapazitätsbetrachtungen durchgeführt. Es folgt eine Beschreibung der fachlichen Kompetenzen der einzelnen Organisationseinheiten:

- *Organisationseinheit 1* besitzt Entscheidungskompetenz (EK) über das gesamte Aufgabenspektrum im Entwicklungsprozeß. Durch die Konzentration der Verantwortung auf eine Organisationseinheit wird erreicht, daß folgenbewußt Konzeptentscheidungen getroffen werden. Durch diese höchstmögliche Integration von Entscheidungskompetenzen im Entwicklungsprozeß wird verhindert, daß sich unterschiedliche Interessenslagen entlang der Prozeßkette nachteilig auf das Ergebnis auswirken. Organisationseinheit 1 übernimmt ferner die Aufgabe, Zwischenergebnisse zu kommunizieren und mit Verantwortlichen anderer Prozeßketten (vgl. Abbildung 33) abzustimmen.

- *Organisationseinheit 2* besitzt Durchführungskompetenz (DK) im Bereich methodischer Produktbewertungen und physikalischer Prototypentests. Hiermit wird eine objektive Kontrollinstanz geschaffen. In der Praxis kann dies z. B. die Erweiterung bisheriger Kompetenzen von Prototypenwerkstätten bedeuten.

Diese müssen ihr bisheriges Know-how in Richtung Verfahren und Werkzeugen zum methodischen Decision-Support erweitern. Eine Kompetenzintegration ist an dieser Stelle sinnvoll, weil für jede Art der Konzeptbeurteilung sowohl methodische als auch physikalische Produktkenntnisse erforderlich sind.

- *Organisationseinheit 3* besitzt Durchführungskompetenz im Bereich der Entwicklung und Konstruktion. Der Schwerpunkt liegt dabei auf der Spezifikation und Definition von Produktfunktionen.

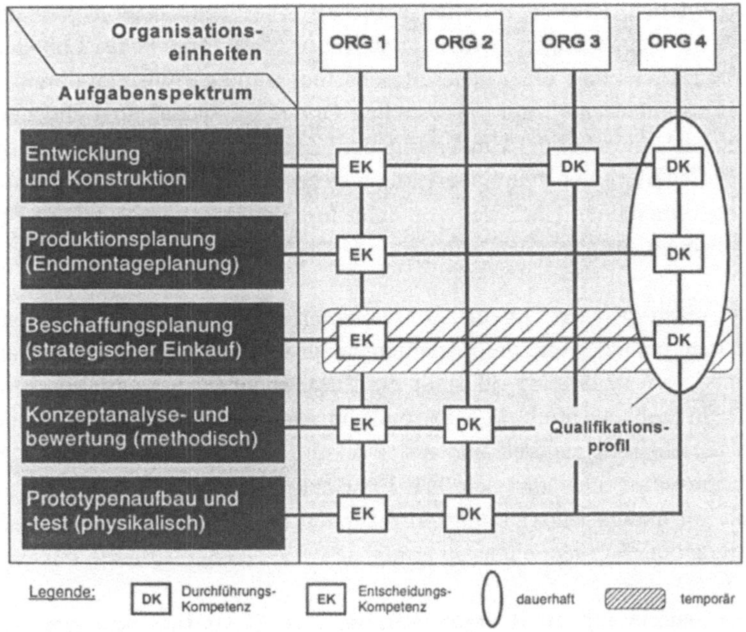

Abbildung 32: Idealtypische Organisationseinheiten zur ergebnisorientierten Produktentwicklung

- *Organisationseinheit 4* besitzt eine integrierte Durchführungskompetenz im Bereich Entwicklung und Konstruktion, Produktions- und Beschaffungsplanung. Somit wird gewährleistet, daß gemäß der idealtypischen Reifegradverläufe in der logisch-physikalischen Entwurfsphase die Festlegung von Eigenschaftsausprägungen des Produkts unter Berücksichtigung aller wichtigen Randbedingungen erfolgt. Durch die Integration werden unnötige Wechsel von Organisationseinheiten und somit entstehender Koordinationsaufwand vermieden.

Die Durchführungskompetenzen von Organisationseinheit 3 und 4 umfassen dabei implizit Entscheidungsanteile, die während des Produktentwurfs (Engineering) notwendig sind. In Ergänzung zu den fachlichen Integrationsaspekten besteht der elementare Unterschied zwischen den definierten Organisationseinheiten zu bestehenden team- und prozeßorientierten Konzepten in der *Dauerhaftigkeit* der Organisationsstruktur. Dies bedeutet, daß es nicht nur zu *temporären*, projektspezifischen Zusammenschlüssen verschiedener Kompetenzbereiche zu Teamstrukturen im Rahmen einer klassischen Matrixorganisation kommt, sondern die beschriebenen Organisationseinheiten *fest* im Unternehmens- und Prozeßumfeld etabliert werden. Die Organisationseinheiten unterliegen einer eigenverantwortlichen und selbständigen Arbeitsorganisation. Herkömmliche Linienaufgaben (z. B. die Entwicklung einer neuen Beschaffungsstrategie) werden durch den zeitlichen Zusammenschluß der vorgestellten Organisationseinheiten abgedeckt. Der wesentliche Vorteil bei der Umkehrung der bisherigen Strukturierungsweisen liegt in der Verlagerung der Synergieeffekte, welche bei dauerhaften Organisationseinheiten zu verzeichnen sind, weg von einer funktionsorientierten hin zu einer produktbezogenen Aufgabenbearbeitung.

Sind die idealtypischen Organisationseinheiten definiert, so gilt es, deren Beziehungen untereinander und die Beziehungen zur idealtypischen Ablauforganisation zu formulieren. Abbildung 33 stellt die Zusammenhänge exemplarisch am Beispiel der Prozeßkette Elektrik/Elektronik im Automobilbau dar. Der methodische Ansatz bezieht sich generell nur auf Objekte des ausgewählten Prozesses (z. B. Organisationseinheiten für den E/E-Entwicklungsprozeß), ist jedoch uneingeschränkt auf andere Entwicklungsprozeßketten (z. B. Karosserie/Aufbau, Motor/Triebstrang oder Komponenten) übertragbar.

Bei der Generierung einer ergebnisorientierten Organisationsstruktur wird zunächst das gesamte Unternehmen top-down in vier Unternehmensebenen zerlegt. Den jeweiligen Ebenen können sowohl Prozesse als auch die zuständigen Organisationseinheiten zugeordnet werden. Organisationseinheit 1 befindet sich auf der III. Unternehmensebene. Organisationseinheit 2 bis 4 befinden sich auf der IV. Unternehmensebene und sind Organisationseinheit 1 gleichrangig zugeordnet. Dabei übernimmt Organisationseinheit 2 eine Stabsfunktion. Für die Ausführung der Engineering-Tätigkeiten in der logischen Entwurfsphase (Phase 1) ist Organisationseinheit 3 zuständig. Für die Durchführung der Engineering-Aufgaben in Phase 2 und 3 ist Organisationseinheit 4 verantwortlich. Bezüglich der Unterstützung und Ausführung der idealtypischen Abstimmungs-Tätigkeiten gilt, daß bei allen Abstimmungen Organisationseinheit 1 zum Treffen von Konzeptentscheidungen obligatorisch beteiligt sein muß. Darüber hinaus ist zur ersten Soll-Abstimmung mindestens die Beteiligung von Organisationseinheit 3 und zu allen Weiteren Organisationseinheit 2 und 4 vorgesehen. Diese übernehmen im Rahmen der Abstimmungs-Tätigkeiten Entscheidungsvorbereitungsaufgaben.

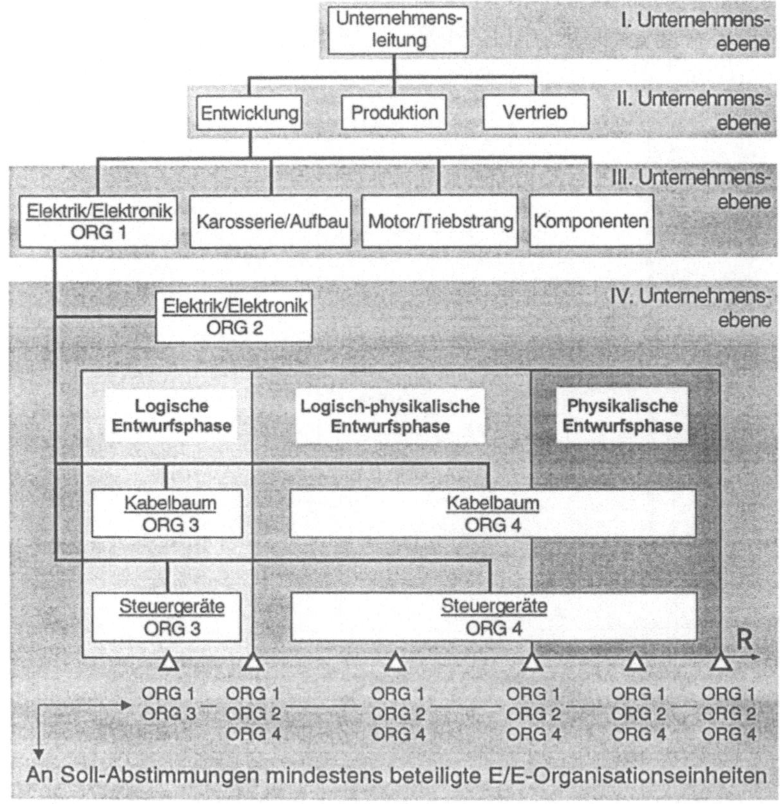

Abbildung 33: Idealtypische Organisationsstruktur zur ergebnisorientierten Produktentwicklung

Während bei der Betrachtung der Ablauforganisation segment- und elementgruppenbezogen bewertet wird, kommt es bei der Beurteilung der Aufbauorganisation zu einer prozeßfunktionsbezogenen Bewertung mit den gleichen Ergebnissen für alle Elementgruppen. Dies geschieht aufgrund der Tatsache, daß die Referenzsituation der Aufbauorganisation nicht für unterschiedliche Partialmodellsichten und Elementgruppen differenziert wird. Ein Abgleich des Qualifikationsprofils wird somit an jeder Funktion durchgeführt. Die Bewertungsergebnisse bezüglich der einzelnen Funktionen werden im Anschluß für die Segmentbewertung gemittelt.

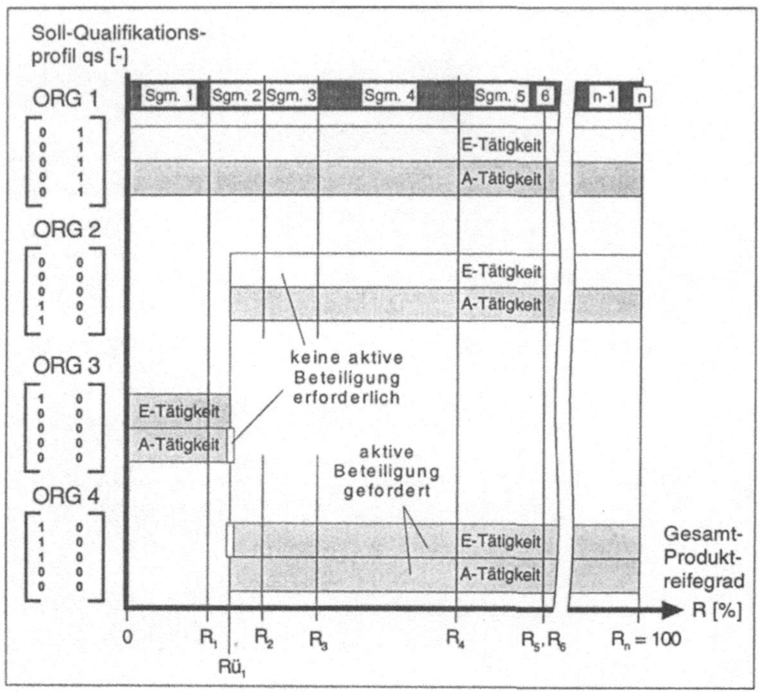

Abbildung 34: Idealtypische Qualifikationsprofilverteilung zur Bewertung der Aufbauorganisation

Die *Soll-Qualifikationsprofile qs* der idealtypischen Organisationseinheiten und die Beteiligungsstrukturen über den Gesamtprozeß können aus Abbildung 34 entnommen werden.

3.5.2.2 Bewertungskriterien - *Engineering-Structure*

Im Rahmen der aufbauorganisationsbezogenen Untersuchung der Engineering-Tätigkeiten steht eine *Qualifikations-* und *Integrationsüberprüfung* bezüglich der an Prozeßfunktionen beteiligten Organisationseinheiten im Vordergrund. Das Kriterium *BK5* bewertet insgesamt die *Engineering-Qualifikationserfüllung* im jeweiligen Prozeß als Maß für eine Abweichung bezüglich des Qualifikationsprofils und der Anzahl an Engineering-Tätigkeiten beteiligter Organisationseinheiten (vgl. Abbildung 35). Dies geschieht im Hinblick auf das Erkennen eines erhöhten Entwicklungsrisikos aufgrund nicht optimal integrierter Aufbaustrukturen.

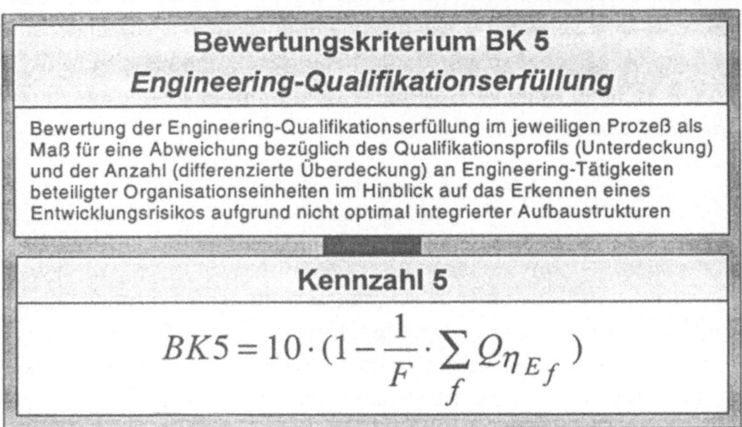

Abbildung 35: Kriterium zur Bewertung der *aufbauorganisationsbezogenen Engineering-Structure*

Die Anzahl relevanter Tätigkeiten im jeweiligen Prozeßsegment wird durch F beschrieben, die dazugehörige Laufvariable durch f. Für jede Prozeßfunktion wird die *Qualifikationszahl* Q_{η_E} ermittelt.

Zur Bestimmung der prozeßfunktionsbezogenen Qualifikationszahl wird sowohl eine Qualifikations- als auch eine Integrationsüberprüfung bezüglich der an einer Engineering-Tätigkeit beteiligten Organisationseinheiten durchgeführt. Die *Qualifikationsüberprüfung* basiert auf der Berechnung der *Gesamt-Qualifikationsabweichung* ΔQ_E bezüglich der jeweiligen Entwurfstätigkeit.

$$\Delta Q_E = \sum_i (qs_{E_{i1}} - Qi_{E_{i1}}) \tag{8}$$

Die Formel zur Berechnung der Gesamt-Qualifikationsabweichung ist durch Gleichung (8) gegeben. Berücksichtigt wird dabei lediglich eine Qualifikationsunterdeckung. Stehen bei der Ausführung der betrachteten Engineering-Tätigkeit über das segmentspezifische *Soll-Qualifikationsprofil* qs_E hinausgehende Ist-Qualifikationen zur Verfügung, so wirkt sich dies nicht negativ auf die Bewertung aus. Qi_E

stellt das *Gesamt-Qualifikationsangebot* bezüglich der jeweiligen Prozeßfunktion dar. Zur Ermittlung des Gesamt-Qualifikationsangebots wird das Maximum aus den vorhandenen Kompetenzen aller beteiligten Ist-Organisationseinheiten gebildet. Die Laufvariable i repräsentiert die fünf Zeilenelemente in der ersten Spalte der Qualifikationsprofilmatrix q (vgl. Abbildung 21). Nachdem bekannt ist, ob alle erforderlichen Kompetenzen zur Ausführung einer Tätigkeit vorhanden sind, stellt sich die Frage, ob das angebotene Qualifikationsspektrum entsprechend den Soll-Vorgaben ausreichend *integriert* ist. Hierzu wird mit Gleichung (9) die *minimale Einzel-Qualifikationsunterdeckung* berechnet.

$$\Delta q_{E_{\min}} = \min\left\{\sum_i (qs_{E_{i1}} - qi_{Ex_{i1}})\right\} \tag{9}$$

Für die Bewertung wird diejenige Ist-Organisationseinheit zugrundegelegt, welche die höchste Engineering-Kompetenzintegration aufweist. Dazu werden alle Ist-Qualifikationsprofile qi_{Ex} einzeln mit dem Soll-Qualifikationsprofil qs_E verglichen. So kann herausgefunden werden, ob die für die Ausführung einer Engineering-Tätigkeit notwendigen und vorhandenen Kompetenzen durch eine zu hohe *Anzahl beteiligter Organisationseinheiten* abgedeckt werden (*differenzierte Überdeckung*). Bezüglich der *Engineering-Structure* ist dieser Aspekt nur in den Entwurfsphasen 2 und 3 relevant. Dort kommt im Idealfall die integrierte Organisationseinheit 4 zum Einsatz.

R > Rü₁: $Q_{\eta_{Ef}}$ / ΔQ_E / $\Delta q_{E\,min}$	**0**	**1**	**2**	**3**
0	**0**	**-**	**-**	**-**
1	**0,2**	**0,6**	**-**	**-**
2	**0,4**	**0,8**	**1**	**-**
3	**-**	**-**	**-**	**1**

Tabelle 6: Vorschriften zur Ermittlung der *Qualifikationszahl* $Q_{\eta_{E_f}}$

Nach einer Berechnung der Größen aus Gleichung (8) und (9) kann mit Hilfe des in Tabelle 6 vorgegebenen Bewertungsmaßstabs der Wert für die jeweilige Qualifikationszahl Q_{η_E} ermittelt werden. Sind z. B. alle notwendigen Qualifikationen an einer Prozeßfunktion vorhanden ($\Delta Q_E = 0$), so führt die höchste Integrationsstufe ($\Delta q_{Emin} = 0$) zu einer Qualifikationszahl von 0. BK5 erhält damit den Maximalwert von 10 Punkten. Alle weiteren Integrationsstufen werden mit jeweils 2 Punkten abgestuft. Für jede fehlende Qualifikation werden aufgrund der schwerwiegenderen Auswirkungen auf das Ergebnis jeweils 4 Punkte abgezogen.

3.5.2.3 Bewertungskriterien - *Assessment-Structure*

Neben einer bedarfsgerechten ablauforganisatorischen Einbindung von Abstimmungs-Tätigkeiten in den Entwicklungsprozeß ist eine situationsadäquate Beteiligung kompetenter Organisationseinheiten von elementarer Bedeutung. Das Kriterium zur Bewertung der *Assessment-Qualifikationserfüllung BK6* (vgl. Abbildung 36) baut hierzu auf der, für die Aspekte *Entscheidungs- (EK)* und *Durchführungskompetenzen (DK)* differenzierten, *Qualifikationszahl* Q_{η_A} auf.

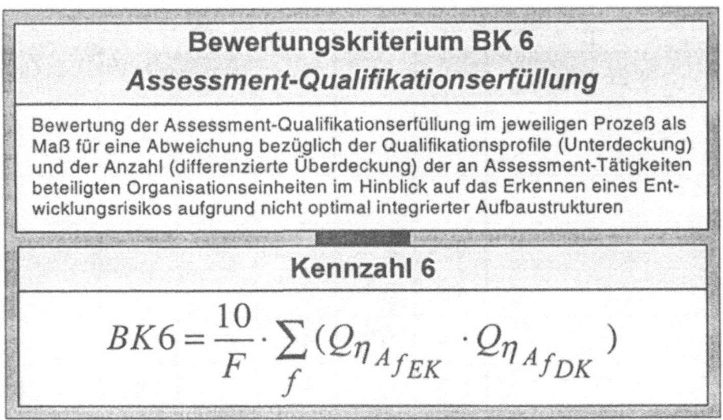

Abbildung 36: Kriterium zur Bewertung der *aufbauorganisationsbezogenen Assessment-Structure*

Zur optimalen Ausführung einer Abstimmungs-Tätigkeit müssen sowohl Entscheidungs- als auch Durchführungskompetenzen vorhanden und entsprechend integriert sein (vgl. Abbildung 34). Die jeweiligen Qualifikationszahlen in Kennzahl 6 werden dabei multiplikativ miteinander verknüpft. Im Gegensatz zu einer Verknüpfung durch Addition führt so eine schlechte Bewertung eines Einzelaspekts, z. B. im Falle fehlender Durchführungskompetenzen bei der Entscheidung, zu einer entsprechend schlechten Gesamtbewertung von 0 Punkten.

Für die Ermittlung der Qualifikationszahlen werden die in einem Segment vorhandenen Abstimmungstätigkeiten dahingehend untersucht, ob alle zur umfassenden Ausführung der Entscheidung notwendigen Kompetenzen angeboten werden. Die *Qualifikationsüberprüfung* geschieht jeweils durch die Ermittlung der *Gesamt-Qualifikationsabweichung (-unterdeckung)* ΔQ_A.

In Ergänzung dazu wird im Rahmen der *Integrationsüberprüfung* kontrolliert, ob die vorhandenen Kompetenzen wie vorgesehen in den betroffenen Organisationseinheiten gebündelt sind. Hierzu wird die *minimale Einzel-Qualifikationsunterdeckung* Δq_{Amin} berechnet.

Mit ΔQ_A und Δq_{Amin} kann die zu ermittelnde Qualifikationszahl aus der dazugehörigen Tabelle (vgl. Tabelle 7) entnommen werden. Durch die Tabellen ist auch an dieser Stelle der Bewertungsmaßstab eindeutig festgelegt.

$Q_{\eta_{Af_{EK}}}$ / $\Delta q_{Amin_{EK}}$ \ $\Delta Q_{A_{EK}}$	0	1	2	3	4	5
0	1	-	-	-	-	-
1	0,9	0,7	-	-	-	-
2	0,8	0,6	0,4	-	-	-
3	0,7	0,5	0,3	0,1	-	-
4	0,6	0,4	0,2	0	0	-
5	-	-	-	-	-	0

Tabelle 7: Vorschriften zur Ermittlung der *Qualifikationszahl* $Q_{\eta_{Af_{EK}}}$

Der Aufbau der Berechnungsformeln für ΔQ_A und Δq_{Amin} ist im wesentlichen identisch mit dem der Kriterien zur Bewertung der aufbauorganisationsbezogenen Engineering-Structure.

$$\Delta Q_{A_{EK}} = \sum_i (qs_{A_{i2}} - Qi_{A_{i2}}) \tag{10}$$

Die Berechung von ΔQ_A wird in Gleichung (10) exemplarisch für den Aspekt der Entscheidungskompetenzen dargestellt. Das gesamte *Qualifikationsangebot* Qi_A

ergibt sich aus dem Maximum über alle Ist-Qualifikationsprofile beteiligter Organisationseinheiten. Relevant sind dabei lediglich die Werte in der zweiten Spalte der Qualifikationsmatrix q. Die *minimale Einzel-Qualifikationsunterdeckung* Δq_{Amin} berechnet sich nach Gleichung (11).

$$\Delta q_{A_{\min} EK} = \min\left\{\sum_{i} (qs_{A_{i2}} - qi_{Ax_{i2}})\right\} \tag{11}$$

Die Laufvariable *i* steht für die einzelnen Zeilen der Qualifikationsmatrix. Die verschiedenen Ist-Organisationseinheiten werden durch *x* repräsentiert.

Bei der Betrachtung der Durchführungskompetenzen entfällt für Abstimmungs-Tätigkeiten innerhalb der ersten Entwurfsphase die Integrationsüberprüfung. Ab der zweiten Phase ist bei der Qualifikationsüberprüfung die *Gesamt-Qualifikationsanforderung*, die sich aus dem Maximum über alle Soll-Organisationseinheiten ergibt, zugrundezulegen.

3.5.3 Bewertung der *Informationstechnologie*

Bei der Behandlung der Informationstechnologie werden ergebnisbezogen sowohl *Daten-* als auch *Werkzeugaspekte* betrachtet. Zur Komplettierung der prozeßunabhängigen Idealsituationen wird auch an dieser Stelle zunächst der methodische Leitgedanke in eine Referenz umgesetzt. Abschließend werden auch für diesen Planungsaspekt Bewertungskriterien formuliert.

3.5.3.1 Methodischer Leitgedanke

Funktionen im Entwicklungsprozeß haben zum Ziel, eine vollständige Produkt- und Produktionsdefinition zu erzeugen. Die Informationsgewinnung und -transformation stellt einen wesentlichen Schwerpunkt der Entwicklungsarbeit dar. Zwischen- und Endergebnisse müssen hierbei in einer auswertbaren, nachvollziehbaren und übersichtlich strukturierten Form dokumentiert werden. Zur Umsetzung dieser Anforderung werden im folgenden idealtypische Datenobjekte in Form von ergebnisorientierten Dokumenttypen beschrieben. Die Anzahl der Dokumente eines Dokumenttyps innerhalb eines Entwicklungsprozesses ist beliebig. Mündliche Informationen können den Prozeßbeteiligten mittels Datentechnik nicht jederzeit verfügbar gemacht werden und sind zu vermeiden.

Wie in Abbildung 37 dargestellt, wird die gesamte ergebnisorientierte Entwicklungsdokumentation in *eine Dokumentation zum Produktentwurf (DO1-DO5)* und eine *Entscheidungsdokumenation (DO6)* unterteilt. Bei der Festlegung der Inhalte von *Engineering-Dokumenten* wird vom sogenannten *Homogenitätsprinzip* ausgegangen. Dieses besagt, daß in einem Entwurfsdokument nur Informationen bezüglich einer Partialmodellsicht (z. B. Teile, Topologie) enthalten sind. Die verschiedenen Dokumenttypen stehen ferner über Referenzen in Beziehung. Dies erleichtert die systematische Ablage und Auffindung einzelner Informationen. Zur Dokumentation von *Entscheidungen* sind *Protokolldokumente* vorgesehen, mit denen Produktbewertungs- und Testergebnisse, Konzeptentscheidungen sowie aktuelle Freigabestände und Änderungsumfänge festgehalten werden. Hierdurch wird die Nachvollziehbarkeit und Transparenz von Konzeptentscheidungen im Entwicklungsprozeß gefördert. Protokolldokumente beinhalten jeweils Informationen über alle Partialmodellsichten.

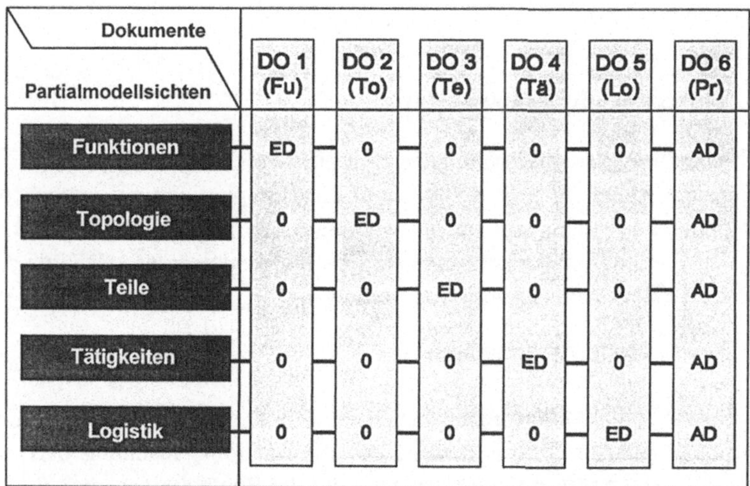

Legende: **ED:** Engineering- (Entwurfs-) Dokumentation **AD:** Assessment- (Abstimmungs-) Dokumentation

Abbildung 37: Beschreibung von Dokumenttypen zur ergebnisorientierten Produktentwicklung

In einem nächsten Schritt werden die Relationen der Dokumente untereinander sowie zum Gesamtprodukt-Reifegrad definiert (vgl. Abbildung 38). Als Input von Abstimmungs-Tätigkeiten dienen jeweils alle vorhandenen Engineering-Dokumente. Dabei existiert in der ersten Entwurfsphase noch kein Dokument für die Partialmodelle *Tätigkeiten* und *Logistik*. Als Funktionsoutput dient der Dokumenttyp 6 (DO6). Für die Einsatzplanung der Engineering-Dokumente werden im folgenden deren Informationsbeziehungen (*Input/Output-Relationen*) erläutert.

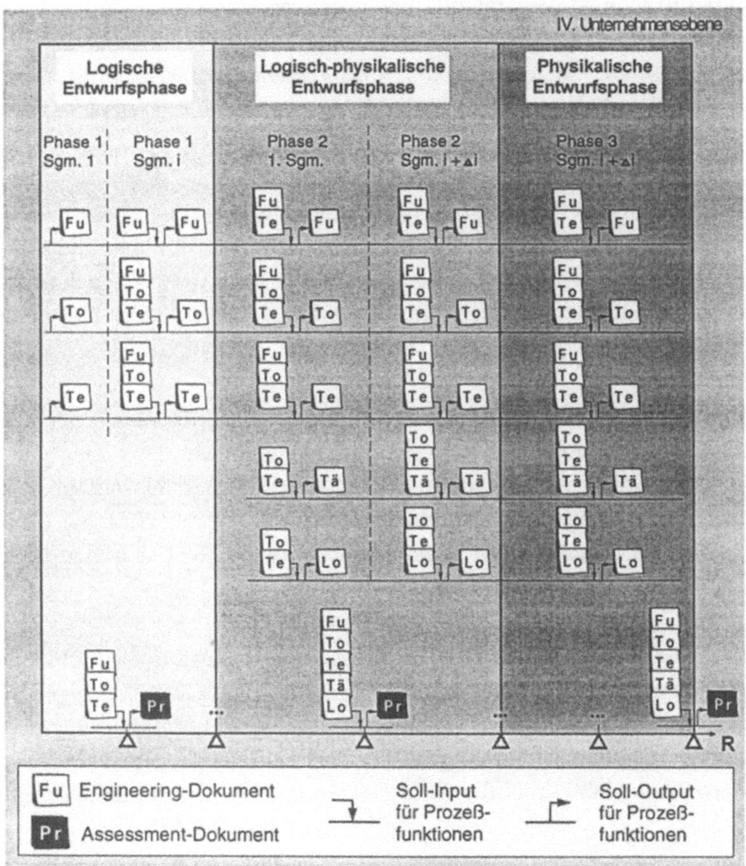

Abbildung 38: Idealtypischer Einsatz von Dokumenten zur ergebnisorientierten Produktentwicklung

- Wird in einer Prozeßfunktion die Partialmodellsicht *Funktionen* beeinflußt, so muß bei der jeweiligen Entwicklungstätigkeit eine Ergebnisdokumentation (Output) unter Verwendung des Dokumenttyps *Funktionen (DO1)* (z. B. Schaltplan) erfolgen. Als Prozeßfunktions-Input müssen sowohl die schon existente

Funktions-Dokumentation als auch die vorhandene *Teile-Dokumentation (DO3)* (z. B. Stückliste) bereitgestellt werden.

- Wird in einer Prozeßfunktion die Partialmodellsicht *Topologie* beeinflußt, so muß eine Ergebnisdokumentation unter Verwendung des Dokumenttyps *Topologie (DO2)* (z. B. Topologieplan) erfolgen. Als Prozeßfunktions-Input müssen sowohl die schon existente *Topologie-Dokumentation* als auch die *Funktions-Dokumentation (DO1)* und die *Teile-Dokumentation (DO3)* herangezogen werden.

- Wird in einer Prozeßfunktion die Partialmodellsicht *Teile* beeinflußt, so muß eine Ergebnisdokumentation unter Verwendung des Dokumenttyps für *Teile (DO3)* erfolgen. Als Prozeßfunktions-Input müssen sowohl die schon existente *Teile-Dokumentation* als auch die *Funktions-Dokumentation (DO1)* und die *Topologie-Dokumentation (DO2)* herangezogen werden.

- Wird in einer Prozeßfunktion die Partialmodellsicht *Tätigkeiten* beeinflußt, so muß eine Ergebnisdokumentation unter Verwendung des Dokumenttyps *Tätigkeiten (DO4)* (z. B. Vorranggraph) erfolgen. Als Prozeßfunktions-Input müssen sowohl die schon existente *Tätigkeits-Dokumentation* als auch die *Topologie-Dokumentation (DO2)* und die *Teile-Dokumentation (DO3)* herangezogen werden.

- Wird in einer Prozeßfunktion die Partialmodellsicht *Logistik* beeinflußt, so muß eine Ergebnisdokumentation unter Verwendung des Dokumenttyps *Logistik (DO5)* (z. B. Logistikkonzept) erfolgen. Als Prozeßfunktions-Input müssen sowohl die schon existente *Logistik-Dokumentation* als auch die *Topologie-Dokumentation (DO2)* und die *Teile-Dokumentation (DO3)* herangezogen werden.

Ausnahmen bestehen im ersten Segment der ersten Entwurfsphase. Dort existieren noch keine prozeßspezifischen Dokumente und können somit auch nicht als Input gefordert werden. Darüber hinaus wird in der ersten Phase maßgeblich eine bauteileunabhängige Funktionsspezifikation durchgeführt. Somit ist für die Funktionsfestlegung an dieser Stelle keine *Teile-Dokumentation* als Input erforderlich. Des weiteren existieren in der ersten Entwurfsphase keine Dokumentationen über *Tätigkeiten* und *Logistik*. Dies gilt auch für den Inputaspekt im ersten Segment der zweiten Phase.

Für eine idealtypische ergebnisorientierte Toolunterstützung sind sowohl für die Engineering- als auch für die Abstimmungs-Tätigkeiten Werkzeuge mit bestimmten Werkzeugeigenschaften *w* vorzusehen (vgl. Kapitel 3.3.2.4). Abbildung 39 zeigt die entsprechende Referenzsituation für den Einsatz von Entwicklungswerkzeugen.

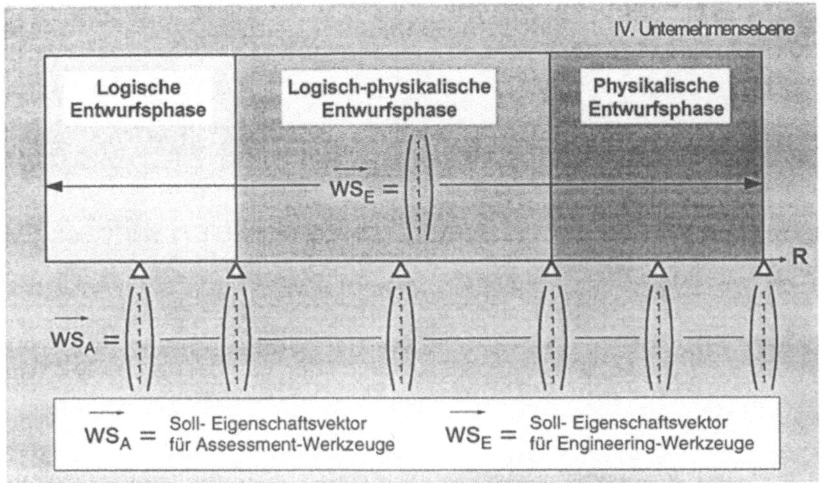

Abbildung 39: Idealtypischer Einsatz von Werkzeugen zur ergebnisorientierten Produktentwicklung

Im Rahmen von *methodischen* oder *physikalischen Abstimmungstätigkeiten (AM oder AP)* gilt es, Werkzeuge einzusetzen, deren *Werkzeugeigenschaftsvektor* gleich dem in Abbildung 39 dargestellten Soll-Werkzeugeigenschaftsvektor ist. Dieses gilt analog für Entwurfstätigkeiten.

3.5.3.2 Bewertungskriterien - *Engineering-Structure*

Zur Bewertung der informationstechnologiebezogenen *Engineering-Structure* werden Bewertungskriterien für die *Entwurfsdokumente* und *-werkzeuge* definiert, die bei der Ausführung von Engineering-Tätigkeiten zum Einsatz kommen. Auf der Basis der idealtypischen Referenzsituation aus Kapitel 3.5.3.1 kann jedes beliebige Entwicklungsprozeßszenario daraufhin überprüft werden, ob geeignete Dokumentstrukturen und Toolumgebungen etabliert sind. Bei Entwurfswerkzeugen findet ein Abgleich der *Soll- und Ist-Eigenschaftsvektoren ws* und *wi* statt.

Dokumente werden gemäß ihrem *Inhalt* und ihrer *Anordnung* im Prozeß bewertet. Abbildung 40 zeigt die hierfür vorgesehenen Bewertungskriterien. Das Kriterium zur Bewertung des *Engineering-Werkzeugeinsatzes BK7* bedient sich der prozeßfunktionsspezifischen *Werkzeugeigenschaftszahl* w_{η_E}.

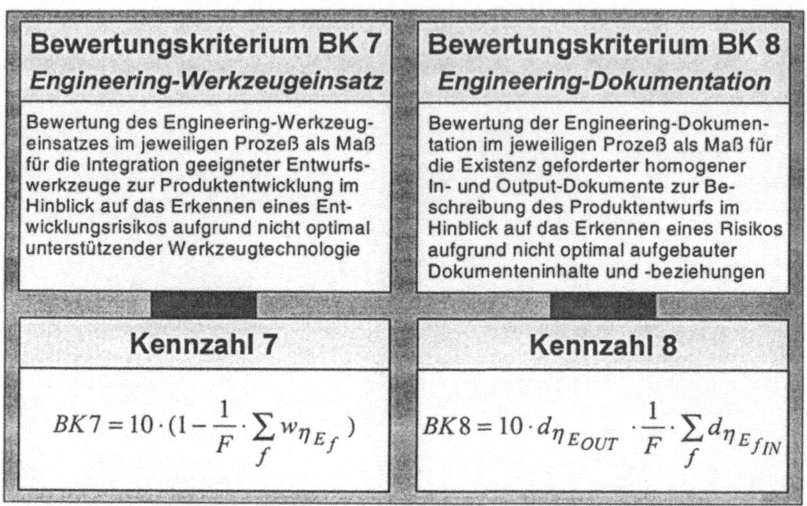

Abbildung 40: Kriterien zur Bewertung der *informationstechnologiebezogenen Engineering-Structure*

Die Werkzeugeigenschaftszahl ergibt sich direkt aus der in Gleichung (12) beschriebenen *minimalen Abweichung von Werkzeugeigenschaften* Δw_{Emin}.

$$\Delta w_{E_{\min}} = \min\left\{ \sum_i (ws_{E_i} - wi_{Ex_i}) \right\} \tag{12}$$

Ist keine Abweichung vorhanden, so erhält die jeweilige Werkzeugeigenschaftszahl mittels des festgelegten Bewertungsmaßstabs den Wert 0. Des weiteren erhöht sich für jede fehlende Werkzeugeigenschaft die Werkzeugeigenschaftszahl um den Wert 0,2, d. h. es werden 2 Bewertungspunkte abgezogen. Sind mehr als die Hälfte aller geforderten Werkzeugeigenschaften nicht ausgeprägt, so führt eine Werkzeugeigenschaftszahl von 1 zu 0 Bewertungspunkten für BK7. Dies ist gerechtfertigt, da auf der Basis einer solchen Werkzeugunterstützung kein optimaler Entwurf von komplexen Produkten mehr möglich ist.

Eine Bewertung der *Entwurfsdokumente* erfolgt mittels *BK8*. Hierbei werden zunächst alle *Output-Dokumente* eines Segments auf ihre *Vollständigkeit (Existenz)* und *Homogenität* überprüft. Aus der Vollständigkeitsüberprüfung resultiert die *Gesamtabweichung* der *Output-Dokumentation* ΔD_{EOUT} bezüglich aller Engineering-Tätigkeiten im jeweiligen Prozeßsegment. Im Rahmen der Homogenitätsüberprüfung erhält man die *mittlere Homogenitätsabweichung* bezüglich aller Output-Dokumente des Segments Δd_{EOUT}. Zur Bewertung der *Input-Dokumente* wird prozeßfunktionsbezogen deren Homogenität überprüft und entsprechend die *mittlere Homogenitätsabweichung* Δd_{EfIN} berechnet. Diese berechnet sich nach Gleichung (13).

$$\Delta d_{E_{fIN}} = \frac{1}{X} \cdot \sum_{x} ((\sum_{i} di_{Ex_{INi1}}) - 1) \qquad (13)$$

Dabei ist x die Laufvariable für Ist-Dokumente, X die Anzahl Ist-Dokumente und di_{Ex} die Ist-Dokumentationsausprägung des jeweiligen Engineering-Dokuments. In Ergänzung zur Betrachtung der Output-Situation erfolgt bei Input-Dokumenten die Überprüfung der *Input/Output-Relation* (vgl. Abbildung 38). Hierbei wird über alle Input-Dokumente der jeweiligen Engineering-Tätigkeit gegenüber dem Soll-Zustand die *mittlere Abweichung* ΔD_{EfIN} berechnet. Die dazu notwendige Berechnungsvorschrift ist durch Gleichung (14) gegeben. Soll-Dokumente besitzen dabei die Laufvariable y. Die Anzahl der Soll-Dokumente wird durch Y bestimmt.

$$\Delta D_{E_{fIN}} = \frac{1}{Y} \cdot \sum_{y} \min \left\{ \sum_{i} (ds_{Ey_{INi1}} - di_{Ex_{INi1}}) \right\} \qquad (14)$$

Analog zu den vorhergehenden Ausführungen sind im Anschluß mittels geeigneter Bewertungsmaßstäbe, welche in tabellarischer Form den Größen ΔD_{EOUT}, Δd_{EOUT}, ΔD_{EfIN} und Δd_{EfIN} zugeordnet werden, die Dokumentationszahlen für Output und Input zu ermitteln. Diese fließen direkt in die Berechnung von BK8 ein.

3.5.3.3 Bewertungskriterien - *Assessment-Structure*

Zur Bewertung der informationstechnologiebezogenen *Assessment-Structure* werden die *Dokumente* und *Werkzeuge* bei der Ausführung von Abstimmungs-Tätigkeiten betrachtet. Die hierbei gültigen Bewertungskriterien *BK9* und *BK10* sind analog zu den Bewertungskriterien der informationstechnologiebezogenen Engineering-Structure aufgebaut. In Abbildung 41 sind die zur Berechnung der segmentbezogenen Punktwerte notwendigen Kennzahlen dargestellt.

Das Kriterium zur Bewertung des *Assessment-Werkzeugeinsatzes BK9* bedient sich der prozeßfunktionsspezifischen *Werkzeugeigenschaftszahl* w_{η_A}.

$$\Delta w_{AM/AP_{\min}} = \min\left\{\sum_i (ws_{AM/AP_i} - wi_{AM/APx_i})\right\} \tag{15}$$

Die Werkzeugeigenschaftszahl ergibt sich direkt aus der in Gleichung (15) beschriebenen *minimalen Abweichung von Werkzeugeigenschaften* Δw_{Amin}. In diesem Fall wird unterschieden, ob es sich um eine *methodische (AM)* oder *physikalische Produktbewertung (AP)* handelt. Dieser Sachverhalt wirkt sich auf den gültigen Soll-Werkzeugeigenschaftsvektor *ws* aus (vgl. Kapitel 3.3.2.4). Der Bewertungsmaßstab ist gleich dem für BK7.

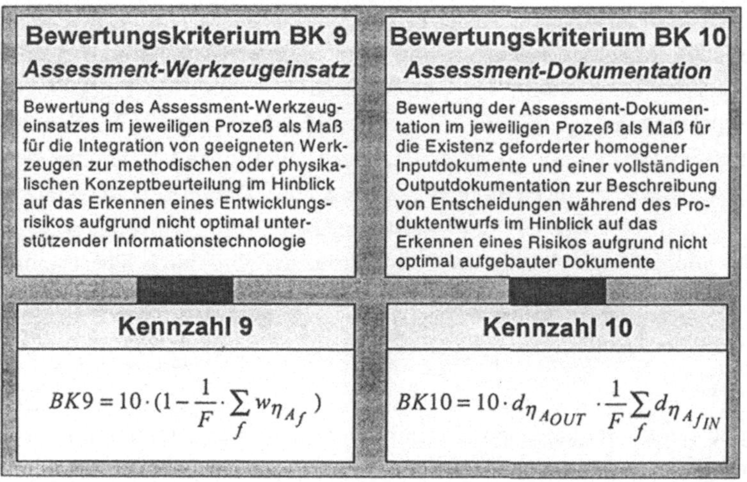

Abbildung 41: Kriterien zur Bewertung der *informationstechnologiebezogenen Assessment-Structure*

Abschließend erfolgt die Bewertung der *Entscheidungsdokumentation* mit *BK10*. Bei der Betrachtung des Funktions-Outputs entfällt die Homogenitätsüberprüfung, da idealtypische Assessment-Dokumente entsprechend der Entwurfsphase integriert Informationen über alle Partialmodellsichten enthalten. Aus der Output-Vollständigkeitsüberprüfung resultiert die *Gesamtabweichung* der *Output-Dokumentation* ΔD_{AOUT} bezüglich aller Abstimmungen im jeweiligen Segment. Daraus ergibt sich durch direkte Zuordnung die *Output-Dokumentationszahl* $d_{\eta_{AOUT}}$.

Die Input-Dokumente einer Abstimmungs-Tätigkeit werden auf Vollständigkeit und Homogenität überprüft. Aus der Vollständigkeitsüberprüfung ergibt sich die *Gesamtabweichung der Dokumentationsausprägung* ΔD_{AfIN}. Die dazugehörige Berechnungsvorschrift wird durch Gleichung (16) gegeben. Überdeckungen fließen dabei generell nicht negativ in die Berechnung ein.

$$\Delta D_{A_{fIN}} = \sum_i (\max\left\{ds_{Ay_{IN_{i1}}}\right\} - \max\left\{di_{Ax_{IN_{i1}}}\right\}) \tag{16}$$

Bei der Input-Homogenitätsüberprüfung gilt es, die *mittlere Homogenitätsabweichung* bezüglich aller Input-Dokumente der jeweiligen Abstimmungs-Tätigkeit Δd_{AfIN} zu berechnen. Dies erfolgt mit Gleichung (17).

$$\Delta d_{A_{fIN}} = \frac{1}{X} \cdot \sum_x ((\sum_i di_{Ax_{IN_{i1}}}) - 1) \tag{17}$$

Letztlich wird mit Hilfe des in Tabelle 8 vorgegebenen Bewertungsmaßstabs die *Input-Dokomentationszahl* $d_{\eta_{A_{f\,IN}}}$ ermittelt.

R>Rü$_1$ $d_{\eta A_{fIN}}$ / $\Delta D_{A_{fIN}}$ / $\Delta d_{A_{fIN}}$	0	1	2	3	4	5
$\Delta d_{A_{fIN}} = 0$	1	0,8	0,6	0,4	0,2	0
$0 < \Delta d_{A_{fIN}} \leq 1$	0,8	0,6	0,4	0,2	-	-
$1 < \Delta d_{A_{fIN}} \leq 2$	0,6	0,4	0,2	-	-	-
$2 < \Delta d_{A_{fIN}} \leq 3$	0,4	0,2	-	-	-	-
$3 < \Delta d_{A_{fIN}} \leq 4$	0,2	-	-	-	-	-

Tabelle 8: Vorschriften zur Ermittlung der *Input-Dokumentationszahl* $d_{\eta_{A_{f\,IN}}}$

So ergibt sich z. B. ab der zweiten Entwurfsphase (R > Rü$_1$) bei homogenen Input-Dokumenten ($\Delta d_{AfIN} = 0$) eine Input-Dokumentationszahl von 1, wenn gleichzeitig Informationen über alle Partialmodellsichten vorliegen. Für jede fehlende Partialmodellsicht sinkt der Wert um 0,2. Findet eine Abstimmung ohne Eingangsinformationen ($\Delta D_{AfIN} = 5$) statt, so wird $d_{\eta_{A_{f\,IN}}}$ generell zu 0.

3.5.4 Aggregation der Prozeßbewertungsergebnisse

Mit Hilfe der definierten Bewertungskriterien ist es möglich, unterschiedlichste Entwicklungsprozeßszenarien umfassend und quantitativ hinsichtlich ihrer Ergebnisorientierung zu beurteilen. Eine zielgerichtete Auswertung der Bewertungsergebnisse erfordert die Darstellung auf unterschiedlichen Ebenen. Der Prozeß-Bewertungsansatz sieht hierfür ein eigenständiges *Aggregationsmodul* vor. In den folgenden Abschnitten wird auf die Elemente und Mechanismen dieses Moduls sowie auf dessen Verknüpfung zu dem Produkt-Bewertungsschema eingegangen.

3.5.4.1 Bewertungstabellen

Unter Verwendung von sogenannten *Prozeßbewertungstabellen* werden die Prozeßbewertungsergebnisse in Form der segment- und kriterienbezogenen Punktwerte auf unterster Ebene zusammengestellt.

Bewertungstabelle Ablauforganisation Elementgruppe 1 - Gesamt						
Prozeß-segmente / Bewertungs-kriterien AB	Segment 1	Segment 2	Segment 3	...	Segment n	Prozeß gesamt
1. Reifegrad-anstieg	BK11	BK12	BK13	...	BK1n	BK1ges
2. Reifegrad-abweichung	BK21	BK22	BK23		BK2n	BK2ges
3. Abstimmungs-ausmaß	BK31	BK32	BK33		BK3n	BK3ges
4. Abstimmungs-auswirkung	BK41	BK42	BK43		BK4n	BK4ges
Kriterien gesamt	BKges1	BKges2	BKges3		BKgesn	ABEG1ges

Tabelle 9: *Prozeßbewertungstabelle* zur Darstellung der elementgruppenbezogenen Segmentbewertungen für den Aspekt '*Gesamt*'

Dabei existieren für alle betrachteten Elementgruppen generell zwei Arten von Bewertungstabellen. Der erste Typ von Bewertungstabelle (vgl. Tabelle 9) drückt die Ergebnisse der Bewertung einer Betrachtungssicht (z. B. Ablauforganisation) bezüglich dem Aspekt *Elementgruppe-Gesamt* aus. Der *Gesamtwert pro Segment BKgesj* wird durch arithmetische Mittelwertbildung über alle relevanten Kriterien errechnet. Mittelt man daraufhin die Gesamtwerte aller Segmente, so erhält man die Gesamtbewertung für die jeweilige Betrachtungssicht auf Elementgruppenebene. Gleichung (18) zeigt die Vorschrift für diese Berechnung exemplarisch für die Betrachtungssicht *Ablauforganisation*.

$$AB_{EG_{ges}} = \frac{1}{k \cdot n} \sum_{j=1}^{n} \sum_{i=1}^{k} BKij \tag{18}$$

Die *Anzahl der Segmente* wird mit n und die *Anzahl der Bewertungskriterien* mit k bezeichnet. Die entsprechenden Laufvariablen werden mit j und i bezeichnet. In Ergänzung zu dem beschriebenen Berechnungsweg können alle Punktwerte eines Kriteriums über alle Segmente zusammengefaßt werden. Insgesamt ergibt sich die Möglichkeit, zielgerichtet sowohl verbesserungswürdige Prozeßsegmente als auch Bewertungskriterien zu lokalisieren. Der zweite Typ von Bewertungstabelle (vgl. Tabelle 10) differenziert die Bewertungsergebnisse des Aspekts *Elementgruppe-Gesamt* in die Aspekte *Kosten*, *Qualität* und *Flexibilität*. Zur Ermittlung der differenzierten Bewertungen werden die segmentbezogenen Gesamtwerte *BKgesj* aus den ursprünglichen Tabellen für die *Elementgruppen-Gesamt-Betrachtung* übertragen und mit den nach *Produktkosten*, *-qualität* und *-flexibilität* differenzierten prozentualen Beeinflussungen b_K, b_Q und b_F kombiniert. Gleichung (19) stellt dieses Vorgehen wieder am Beispiel der Ablauforganisation dar.

$$AB_{EG_{K,Q,F}} = \frac{1}{100} \cdot \sum_{j=1}^{n} (BKgesj \cdot b_{K,Q,F}\, j) \tag{19}$$

Bei der so differenzierten Prozeßbewertung fallen z. B. schlecht bewertete Segmente mit einer niedrigen Rubriken-Beeinflussung weniger stark ins Gewicht als Segmente mit einer hohen Rubriken-Beeinflussung. Falls bezüglich einer Rubrik über alle Segmente keine Beeinflussungen existieren, wird kein entsprechender Punktwert ermittelt.

Im folgenden wird auf die Besonderheiten bei der segmentbezogenen Bewertung der unterschiedlichen Bewertungssichten eingegangen. Prozeßsegmente mit ausschließlich organisatorischen Tätigkeiten werden im Rahmen dieser Arbeit nicht bewertet. Speziell bei der Bewertung der *Ablauforganisation* werden Beeinflussungen von Funktionen eines Segments zusammengefaßt. Es erfolgt eine segmentbezogene Bewertung, wobei nicht weiter funktionsspezifisch differenziert wird.

Im Gegenzug wird die Situation jeder Elementgruppe separat mit der entsprechenden Referenzsituation verglichen. Segmente mit ausschließlich A-Tätigkeiten erhalten keinen Punktwert. Die Ergebnisse der Bewertungskriterien BK3 und BK4 beziehen sich auf die Engineering-Tätigkeiten innerhalb der jeweiligen Iterationsschleife und werden deshalb auf die dazugehörigen Segmente verteilt.

Bewertungstabelle Ablauforganisation Elementgruppe 1 - K / Q / F						
Prozeßsegmente / Bewertung/ Beeinflussung	Segment 1	Segment 2	Segment 3	...	Segment n	Prozeß gesamt
Bewertung Gesamt	BKges1	BKges2	BKges3		BKgesn	AB_{EG1ges}
Beeinflussung Kosten	b_K1	b_K2	b_K3		b_Kn	AB_{EG1K}
Beeinflussung Qualität	b_Q1	b_Q2	b_Q3		b_Qn	AB_{EG1Q}
Beeinflussung Flexibilität	b_F1	b_F2	b_F3		b_Fn	AB_{EG1F}

Tabelle 10: Darstellung der elementgruppenbezogenen Segmentbewertungen für die Aspekte *'Kosten, Qualität und Flexibilität'*

Bei der Bewertung der *Aufbauorganisation* wird jede Funktion innerhalb eines Segments separat bewertet. Der Segmentwert ergibt sich aus dem Mittelwert über alle relevanten Funktionen eines Segments. Ferner wird bei der Bewertung nicht in die unterschiedlichen Elementgruppen differenziert, da die Gestaltung der Aufbauorganisation nicht elementgruppenspezifisch erfolgt. Somit können die Punktwerte eines Segments auf alle weiteren Elementgruppen-Tabellen übertragen werden. Bei der Bewertung der Aufbauorganisation werden auch Segmente mit A-Tätigkeiten punktbewertet. Da diese keine differenzierten Beeinflussungen aufweisen, werden hierfür die Mittelwerte aus den jeweiligen Beeinflussungen der Engineering-Tätigkeiten gebildet, über deren Beeinflussungen abgestimmt wird.

Die Situation bei der Bewertung der *Informationstechnologie* ist analog zu der bei der Bewertung der Aufbauorganisation.

3.5.4.2 Aggregationssystematik

Im Anschluß an die Bestimmung und Gegenüberstellung aller Punktwerte auf der untersten Bewertungsebene (Elementgruppenebene) kann begonnen werden, die einzelnen Ergebnisse bis auf die Gesamtebene zu aggregieren. Dies geschieht mittels einer zweistufigen *Aggregation.* Im Rahmen der ersten Aggregation kommt es, unter Verwendung des Gewichtungsfaktors *g* für Elementgruppen aus dem Produkt-Bewertungsschema, zur Verdichtung der Prozeßbewertungsergebnisse bezüglich aller Elementgruppen eines Partialmodells zu einem entsprechenden Gesamtwert auf Partialmodellebene. Hierbei werden wiederum die produktbezogenen *Gesamt-*, Kosten-, *Qualitäts-* und *Flexibilitätsaspekte* getrennt voneinander behandelt.

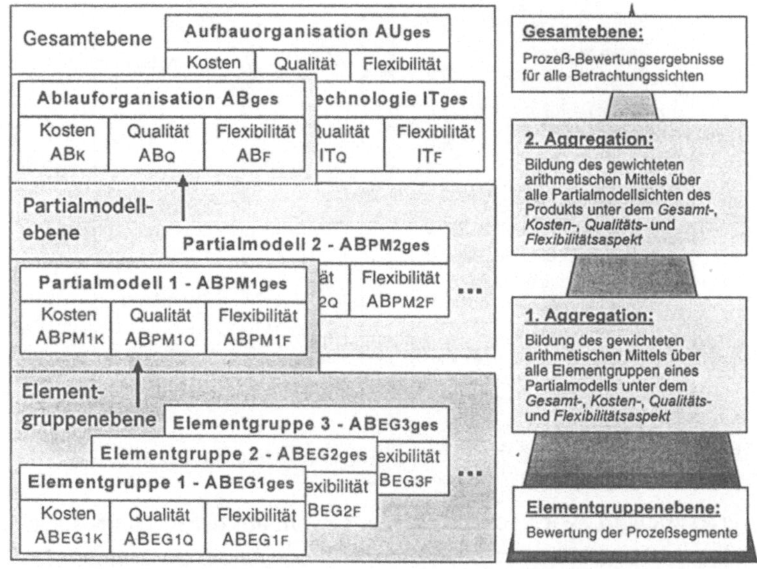

Abbildung 42: Darstellung der prinzipiellen Vorgehensweise bei der Verdichtung der Prozeßbewertungsergebnisse

Durch die zweite Aggregation werden die Werte der Partialmodellebene zusammengefaßt. Letztendlich erhält man auf der Gesamtebene für die Bewertungssichten Ablauf- und Aufbauorganisation sowie Informationstechnologie übersichtliche Bewertungsergebnisse jeweils unter dem Aspekt *Produkt-Gesamt*, *-Kosten*, *-Qualität* und *-Flexibilität.*

3.5.5 Interpretation der Prozeßbewertungsergebnisse

Eine umfassende *Interpretation* der Prozeßbewertungsergebnisse wird erst in Verbindung mit den dazugehörigen Produktbewertungsergebnissen möglich. Dieses kann aufgrund der methodischen Kopplung des Prozeß-Bewertungsansatzes mit dem adäquaten Produkt-Bewertungsschema erfolgen (vgl. Abbildung 8). Abbildung 43 zeigt beispielhaft Prozeßbewertungsergebnisse auf Partialmodellebene.

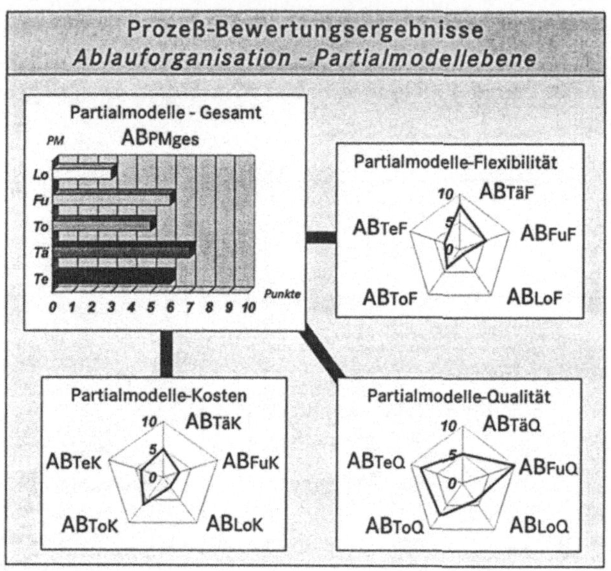

Abbildung 43: Grafische Darstellung von Prozeßbewertungsergebnissen

Als *Auswertesystematik* wird vorgeschlagen, sowohl auf der Produkt- als auch auf der Prozeßbewertungsseite parallel *top-down* vorzugehen. So können durch die Produktbewertung zunächst Partialmodelle, Elementgruppen und Rubriken auf Verbesserungspotentiale untersucht und *produktseitige Schwachstellen* identifiziert werden. Im Anschluß daran kann für die zu optimierenden Produktaspekte auf der *Seite des Prozesses* eine systematische *Untersuchung* durchgeführt werden. Dabei ist es hinsichtlich jeder Betrachtungssicht möglich festzustellen, ob und welche Prozeßsegmente und -bewertungskriterien bezüglich der entsprechend priorisierten Partialmodelle, Elementgruppen und Rubriken niedrige Punktwerte aufweisen. Auf dieser Basis kann zielgerichtet eine *Prozeßgestaltung* und *-optimierung* eingeleitet werden.

4 Praxisanwendung

Der Piloteinsatz der Methode zur ergebnisorientierten Gestaltung von Entwicklungsprozessen wurde am Beispiel eines Automobilunternehmens durchgeführt. Das Anwendungsbeispiel diente dabei gleichzeitig zur Validierung des methodischen Gesamtkonzepts.

4.1 Beschreibung des industriellen Umfelds

Im Vordergrund dieses Abschnitts steht zum einen die Abgrenzung des *Gegenstandsbereichs* und zum anderen die Erläuterung der für eine erfolgreiche Projektdurchführung notwendigen *Rahmenbedingungen.*

4.1.1 Auswahl geeigneter Prozeßketten

Wichtige Prozeßketten im Entwicklungsbereich von Automobilherstellern sind neben der Fahrzeugkonstruktion die Elektrik/Elektronik-, die Motor/Triebstrang- und die Komponentenentwicklung. Die *Elektrik/Elektronik* wird dabei als eine der Schlüsseltechnologien für die Kraftfahrzeug-Entwicklung gesehen [LEIB95]. Die Realisierung einer steigenden Anzahl von elektrischen/elektronischen und elektromechanischen Funktionen im KFZ führt zu immer komplexeren Steuergeräten und aufwendigeren Verkabelungskonzepten. Gefordert ist die Entwicklung ganzheitlicher Elektrik- und Elektronikstrukturen mit optimierter Topologie [AK95].

Die Gestaltung des K*abelbaums* und des entsprechenden *Entwicklungsprozesses* stellt in diesem Kontext eine besondere Herausforderung für ein Unternehmen dar. Dies liegt vor allem an der stark vernetzenden Eigenschaft des Kabelbaums bezogen auf E/E-Komponenten im Fahrzeug (z. B. Steuergeräte, Sensoren, Aktuatoren) und die somit notwendige interdisziplinäre Abstimmung der am Prozeß beteiligten internen und externen Organisationseinheiten. Ferner handelt es sich um ein komplexes Bauteil das in großer Variantenzahl gefertigt und montiert wird und welches sensibel auf Produktionsfehler oder Beschädigungen bei Transport, Montage oder Betrieb reagiert. Die weiteren Aktivitäten zur Findung und Umsetzung von optimalen Entwicklungsprozessen unter Nutzung innovativer Methoden und leistungsfähiger Informationstechnologien konzentrieren sich deshalb exemplarisch auf das Produkt *Kabelbaum.*

4.1.2 Erfolgsfaktoren des Prozeßmanagements

Im folgenden werden im Sinne eines Leitfadens für die Praxis einige wesentliche Erfolgsfaktoren für das Prozeßmanagement aufgeführt. Die Ausführungen stützen sich sowohl auf eigene Projekterfahrungen als auch auf Beschreibungen in der Literatur [FRAZ96].

Im Stadium der Projekvorbereitung und -organisation ist die Formulierung einer eindeutigen und klar *abgestimmten Zielvereinbarung* unter Einbeziehung der Prozeßbeteiligten (Bottom-up) von elementarer Bedeutung. Hierbei müssen Projektverantwortlichkeiten festgelegt und die Zustimmung und Unterstützung durch das Management eingefordert werden (Top-Down). Eine Abgrenzung des Projektumfangs geht einher mit der Budget- und Kapazitätsplanung. Auf der Basis des angestrebten Projektziels und des Kundennutzens gilt es, eine zielgerichtete Methodenauswahl zu treffen.
Bei der *strukturierten Erhebung* und *Informationssammlung* ist auf eine Minimierung der Zusatzbelastung bei den Prozeßbeteiligten zu achten. Dies kann vor allem durch eine individuelle Vorbereitung der Interviews und durch die Formulierung von konkreten Fragestellungen erreicht werden. Ein Interviewleitfaden auf der Basis vorstrukturierter Fragebögen kann eine sinnvolle Unterstützung sein. Vor Beginn der eigentlichen Datenerhebung sollte bei allen Prozeßbeteiligten ein methodisches Grundverständnis geschaffen werden, um so alle Beteiligten für die Problematik und das Vorgehen zu sensibilisieren. Neben einer Protokollierung der Gespräche erscheint es sinnvoll, Anregungen, Verbesserungsvorschläge und sogenannte *weiche Informationen* aufzunehmen.
Die rechnergestützte *Modellierung* muß iterativ zur Erhebung oder Gestaltung erfolgen. Die Existenz und Einhaltung von Modellierungskonventionen bildet die Grundlage für ein gemeinsames Verständnis der geschaffenen Modelle. Im Bereich der Dokumentation verhelfen eindeutige Begriffsklärungen mit Hilfe von sogenannten *Dictionaries* zu einer Transparenz. Vereinfachungs- und Strukturierungsmechanismen (z. B. Hierarchisierung) sorgen bei der Modellbildung für eine klare und übersichtliche Darstellungsform.
Darüber hinaus ist die Schaffung von Vertrauen durch persönlichen Kontakt und das Verständnis für Ängste und Probleme der Beteiligten von zentraler Bedeutung für den Erfolg eines Prozeßmanagementprojektes. Eine hohe Flexibilität bei der Methodenanwendung garantiert eine Bedarfsorientierung statt eines Dogmatismus. Letztendlich stellt ein Kompromiß aus Objektivität, Kundeninteressen, eigener Zielsetzung und Kapazitätsrestriktionen einen realistischen Handlungsrahmen dar.

4.2 Ergebnisse des Methodeneinsatzes

In den folgenden Ausführungen werden die bei der beispielhaften Übertragung der beschriebenen Methodik auf die industrielle Praxis erzielten Ergebnisse erläutert.

4.2.1 Produktmodellierung und -bewertung

In Analogie zum Vorgehensmodell wurde zunächst das *Produkt Kabelbaum* und die *Produktion* am Beispiel der Endmontage untersucht und in ein entsprechendes Produktmodell überführt. Ausgangsbasis hierfür war die generische Produktmodellstruktur des theoretischen Ansatzes. Dabei wurden die zur Beschreibung des Kabelbaums und des Montageablaufs notwendigen Elementgruppen (z. B. Stecker, Leitungen, Bauräume, Verlegewege, Montagetätigkeiten) und die dazugehörigen Eigenschaften (z. B. Geometrie, Preis, Länge, Durchmesser, Zugänglichkeit) ermittelt und abgebildet (vgl. Anhang D).

Im Anschluß daran erfolgte der Übergang zur Produktbewertung. Hierzu wurden im Gespräch mit den Prozeßbeteiligten aus Entwicklung und Produktion Bewertungskriterien (z. B. Anzahl unterschiedlicher Kontaktsysteme, Anteil Standardteile, Anteil Vormontage), Punktbewertungsmaßstäbe und Gewichtungsfaktoren für die Kriterien festgelegt. Nachdem alle notwendigen Bewertungselemente bereitgestellt waren führte ein ausgewähltes Leitungssatzspektrum zu umfangreichen Bewertungsergebnissen. Ausführliche Problemschilderungen seitens der Montage wiesen schon im Vorfeld auf zahlreiche Problempunkte hin. Diese konnten durch das methodische Vorgehen eindeutig bestimmt und objektiv quantifiziert werden. In Abbildung 44 sind exemplarisch die ermittelten *Produktbewertungsergebnisse* auf *Partialmodellebene* dargestellt. Während die Partialmodelle *Teile* und *Tätigkeiten* relativ gute Bewertungen erhielten, sind vor allem bei den Partialmodellen *Logistik* und *Funktionen* Verbesserungspotentiale zu verzeichnen. Die Ergebnisse der Elementgruppen des Partialmodells *Teile* sind in Anhang H1 aufgeführt. Im Partialmodell *Logistik* erhielt die Rubrik *Qualität* den niedrigsten Punktwert. Die Bewertung läßt sich dabei auf das Kriterium *Anzahl der jährlichen Änderungen je Serie* zurückführen, welches zur Bewertung der Elementgruppe *Anlieferkonzept* dient. Das Partialmodell *Funktionen* weist über alle Rubriken zu verbessernde Punktwerte auf. Die Elementgruppe *elektrische Funktionen* wurde dabei im Durchschnitt lediglich mit 2 von 4 Punkten bewertet (vgl Anhang H2). Von Bedeutung waren in diesem Zusammenhang die Kriterien *Funktionsreserve*, *-überprüfung* und *-integration*. Abschließend sei auf die mangelnde *Flexibilität* der *Kabelbaumtopologie* hingewiesen, welche direkt in Verbindung mit den *Reserven der Verlegewegquerschnitte* steht. Die *durchschnittliche Informationssicherheit* war bei der Beispielbewertung mit einem Wert von 2,76 sehr hoch.

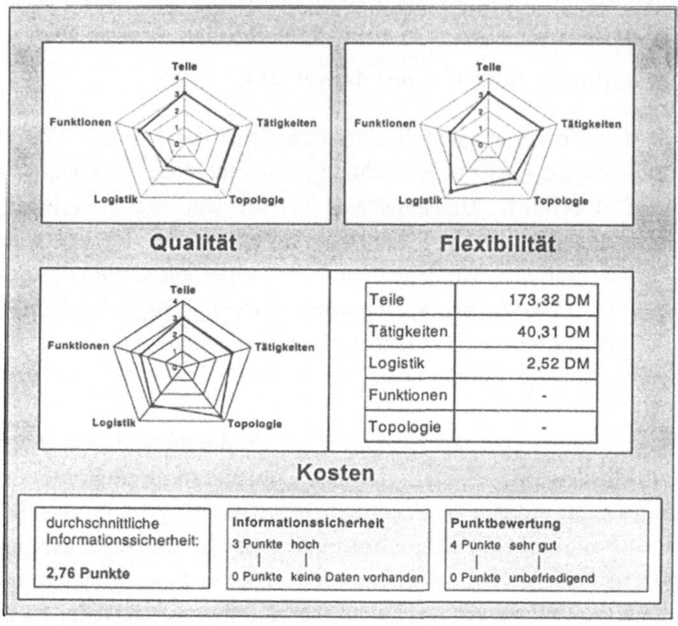

Abbildung 44: Ergebnisse der Produktbewertung auf Partialmodellebene

Die ermittelten Bewertungsergebnisse wurden im Rahmen eines Workshops sowohl der Arbeitsebene als auch den Entscheidungsträgern vorgestellt und im Projektkreis diskutiert. Eine kontinuierliche Anwendung der Methode im Entwicklungsbereich zur systematischen Ergebniskontrolle und zum Konzeptvergleich wurde im betrachteten Unternehmen als sehr sinnvoll erachtet. Entsprechende Integrationsprojekte wurden initiiert.

Für die weiterführenden Untersuchungen galt es nun, mittels der Anwendung des Bewertungsansatzes beispielhaft am Entwicklungsprozeß Kabelbaum aufzuzeigen, durch welche prozeßbedingten Gegebenheiten diese Situation hervorgerufen und durch welche Gestaltungsmaßnahmen die vorhandenen Optimierungspotentiale ausgeschöpft werden können.

4.2.2 Systematische Prozeßanalyse

Parallel zur Betrachtung des Entwicklungsergebnisses wurden auf der Basis der Befragung von Mitarbeitern baureihenspezifisch die *Ist-Prozeßzusammenhänge* zur *Entwicklung* eines Kabelbaums detailliert erfaßt [NOHE95A]. Der integrierte Entwicklungsprozeß (vgl. Anhang F1) startet dabei auf der Basis des jeweiligen Fahrzeug-Rahmenhefts und endet mit der Serienfreigabe. Auszuführende Funktionen während des Entwicklungsprozesses sind beispielhaft der *Entwurf der Kabelbaumtopologie, des Absicherungs-, Leistungsverteilungs-, Trennstellen- und des Kontaktierungskonzepts*. Innerhalb der Teilprozeßkette *Einkauf* stehen die *Lieferantenauswahl* und *Kostenkontrolle* im Mittelpunkt. Im Rahmen der *Montageplanung* sind u. a. die *Layoutplanung, Betriebsmittelplanung, -beschaffung* und *Vorkalkulationen* durchzuführen. Die auf Arbeitsebene modellierten Prozeßfunktionen wurden im Sinne paralleler oder sequentieller Abläufe in eine logische Abfolge gebracht und zur Reduktion der Komplexität zu *Funktionsclustern* zusammengefaßt. Diese wurden im Anschluß klassifiziert und Segmenten zugeordnet. Iterationsschleifen wurden in das Modell integriert. Neben der eigentlichen *Kabelbaumentwicklungsabteilung* sind vor allem die *Steuergeräteentwicklung, Fahrzeuggesamtkonstruktion, Komponenten-, Motor-, Triebstrangentwicklung, Montageplanung, Kostenplanung, Einkauf, Kundendienst, Prototypen-Werkstatt* sowie der *externe Zulieferer* am Prozeß beteiligt. Wichtige Informationsübergänge finden z. B. zwischen *System- und Wirkschaltbildern, Funktionsschaltplänen, Lastenheft und Leitungssatzzeichnungen* statt, wobei eine Vielzahl von *DV-Anwendungssystemen* zum Einsatz kommt.

Alle gesammelten Informationen wurden mit Hilfe der definierten Matrizen und Dictionaries dokumentiert und unter Verwendung des ARIS-Tools in ein *Prozeßmodell* integriert (vgl. Anhang F). Es zeigte sich, daß im Stadium der iterativen Erhebung der komplexen Prozeßstruktur das statische Prozeßmodell als Kommunikationsmedium zwischen Prozeßbeteiligten und Analyseteam hilfreiche Unterstützung leistet. Ferner ergab sich durch die integrierte Gesamtdarstellung die Möglichkeit, erste qualitative Aussagen über den Prozeß zu machen. So kann z. B. festgehalten werden, daß der betrachtete Entwicklungsprozeß eine hohe Arbeitsteiligkeit bei einer Vielzahl beteiligter Organisationseinheiten aufweist, was zu einem erheblichen Koordinations- und Informationsaufwand führt. Zur Komplettierung des Prozeßmodells wurden abschließend alle relevanten Prozeßfunktionen (Funktionscluster) hinsichtlich ihres Einflusses auf das Produkt untersucht. Die einzelnen Produktbeeinflussungen wurden dabei qualitativ auf Elementgruppenebene ermittelt und in Prozentwerte umgerechnet (vgl. Anhang G).

4.2.3 Ergebnisorientierte Prozeßbewertung und -gestaltung

Auf der Grundlage der Beeinflussungen konnten für den integrierten Ist-Prozeß die *Reifegradkurven* der einzelnen Elementgruppen und Partialmodelle ermittelt und den Soll-Kurven gegenübergestellt werden. Wie Abbildung 45 zeigt, ergaben sich dabei auf der Partialmodellebene deutliche Abweichungen zwischen der Ist- und der Soll-Situation. Insgesamt war eine *zu geringe Spreizung* der Ist-Reifegradkurven zu verzeichnen. Die Ist-Reifegradentwicklung für die Elementgruppen des Partialmodells *Teile* verläuft nahezu idealtypisch. Diese Tatsache wird durch die ebenfalls guten Ergebnisse des Partialmodells *Teile* bei der Produktbewertung bestätigt.

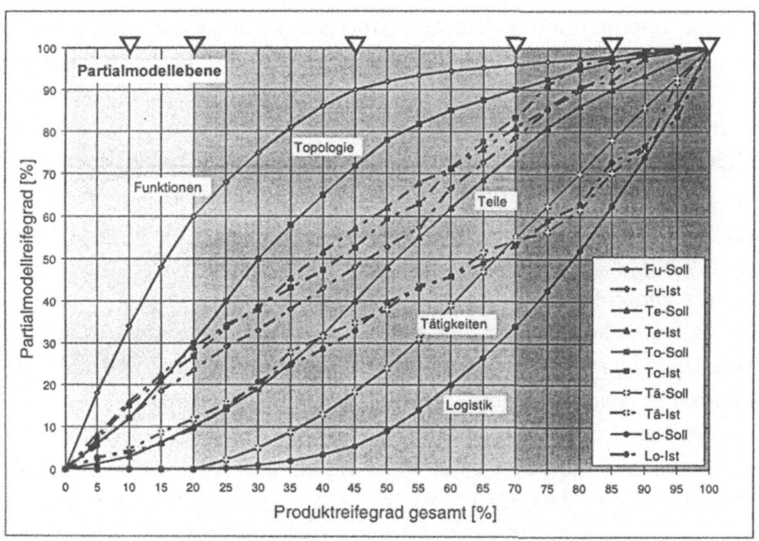

Abbildung 45: Soll- und Ist-Reifegradverläufe auf Partialmodellebene

Demgegenüber steigt die Ist-Kurve des Partialmodells *Logistik* zu früh an. Elementgruppen des Partialmodells *Funktionen* werden hingegen zu spät im Entwicklungsprozeß festgelegt. Die hohen Abweichungen spiegelten auch hier die dazugehörigen Ergebnisse aus der Produktbewertung wieder. Dies läßt die Aussage zu, daß im Sinne einer Ergebnisorientierung *guter* Prozeß zu einem *guten* Produkt führt, während ein *schlechter* Prozeß zu einem *guten*, aber auch zu einem *schlechten* Produkt führen kann. Dringend anzustreben ist deshalb eine ergebnisorientierte Gestaltung des entsprechenden Entwicklungsprozesses.

Eine weiterführende Darstellung und Auswertung der Prozeßbewertungsergebnisse erfolgte im Anwendungsprojekt mit Hilfe der *Bewertungstabellen.* Abbildung 46 stellt einen Auszug aus den Bewertungsergebnissen für die Elementgruppe *Anlieferkonzept* des Partialmodells *Logistik* dar. Die Elementgruppenkurve verläuft dabei ähnlich der Kurve des Partialmodells *Logistik.* Zu erkennen ist z. B., daß bei einem Gesamtproduktreifegrad von 50% die hohe Reifegradabweichung von ca. 40% im Segment 15 lediglich zu 3 Punkten führt. Bei höheren Gesamtproduktreifegraden nähert sich die Ist-Kurve der Soll-Kurve an, wodurch die Segmente einen höheren Punktwert erhalten. Die entsprechenden Punktwerte der Elementgruppen des Partialmodells *Teile* sind bezüglich dieses Bewertungsaspekts wesentlich besser ausgeprägt (vgl. Anhang I1).

Lo Anliefer-konzept	Segmentnummer	...	15	16	17	18	19	20	...	Prozeß gesamt
	Gesamtproduktreifegrad	...	50,0	58,7	61,7	68,5	79,1	85,7	...	
	Ablauforganisation AB									
BK 1	Reifegradanstieg	...	0	3,3	0	8,9	6,0	10	...	3,6
BK 2	Reifegradabweichung	...	3,0	4,0	5,0	6,0	8,0	8,0	...	7,7
BK 3	Abstimmungsausmaß	...	0	0	0	0	0	3,1	...	5,5
BK 4	Abstimmungsauswirkung	...	10	10	10	0	0	9,3	...	9,0
BKgesamt	Kriterien AB gesamt	...	3,3	4,3	3,8	3,7	3,5	7,5	→	6,4
	Aufbauorganisation AU									
BK 5	Engineering-Qualfikationserfüllung	...	0	0,7	2,0	0	5,3	0,7	...	3,2
BK 6	Assessment-Qualfikationserfüllung	...	5,6	-	0,8	-	-	5,6	...	2,7
BKgesamt	Kriterien AU gesamt	...	2,8	0,7	1,4	0	5,3	3,1	→	3,2
	Informationstechnologie IT									
BK 7	Engineering-Werkzeugeinsatz	...	2,0	2,0	0	2,0	0	1,0	...	1,4
BK 8	Engineering-Dokumentation	...	0	3,0	0	1,8	0,8	0,4	...	1,2
BK 9	Assessment-Werkzeugeinsatz	...	0	-	0	-	-	0	...	0,0
BK 10	Assessment-Dokumentation	...	2,4	-	3,2	-	-	2,4	...	2,1
BKgesamt	Kriterien IT gesamt	...	1,1	2,5	0,8	1,9	0,4	1,0	→	1,3

Abbildung 46: Ergebnisse der Prozeßbewertung für die Elementgruppe *Anlieferkonzept* des Partialmodells *Logistik*

Darüber hinaus läßt sich auf der Grundlage der detaillierten Bewertung generell über den betrachteten Entwicklungsprozeß aussagen, daß *zu wenig abgestimmte Reifegrade* der Entwicklung zugrunde liegen. Dies drückt sich über alle Elementgruppen hinweg in unzureichenden Punktwerten für das Kriterium BK3 aus. Wie in Abbildung 46 als auch in Anhang I zu erkennen ist, werden in Ergänzung dazu Abstimmungstätigkeiten *kaum* durch *geeignete Werkzeuge* unterstützt. Ähnlich hoher *Optimierungsbedarf* besteht bei dem Einsatz von *Engineering-Werkzeugen.*

Abbildung 47 stellt die verdichteten *Prozeßbewertungsergebnisse* auf der *Gesamtebene* dar. Hierbei erzielt die Ablauforganisation des betrachteten Entwicklungsprozesses bezüglich allen Produktaspekten das beste Ergebnis. Die Aufbauorganisation und die eingesetzte Informationstechnologie weisen jeweils hohe Verbesserungspotentiale auf.

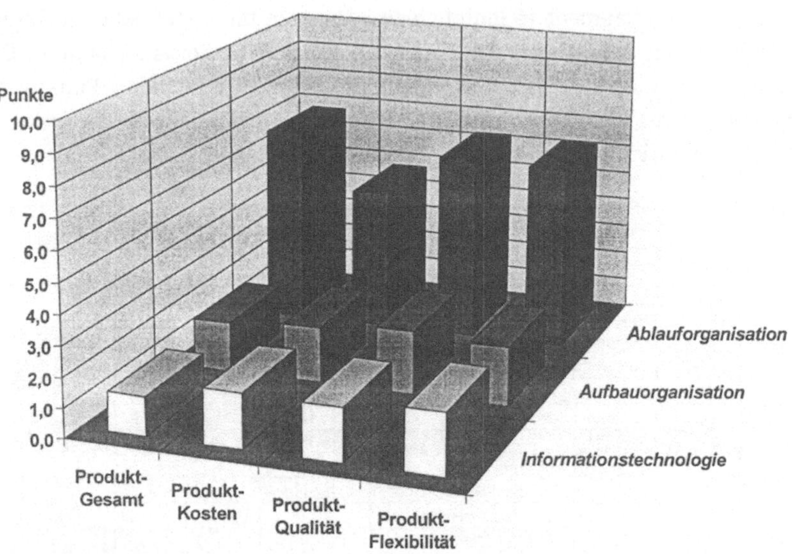

Abbildung 47: Ergebnisse der Prozeßbewertung auf der *Gesamtebene*

Aufbauend auf den gewonnenen Erkenntnissen wurden im Beispielunternehmen Maßnahmen zur *ergebnisorientierten Gestaltung* der betroffenen Elektrik/Elektronik-Entwicklungsprozesse eingeleitet. Hierzu zählen z. B. die *Verlagerung der* zu früh einsetzenden *logistikrelevanten Entwicklungsaktivitäten* von der ersten in die zweite Prozeßhälfte. Die *Funktionsspezifikation* wird durch die Einführung einer *leistungsfähigen Systemlandschaft* zur Schaltplangenerierung unterstützt. Damit verbunden ist die rechnergestützte *Trennung* von *Funktions-* und *Topologiefestlegung*. Dies führt bezüglich der Ablauforganisation dazu, daß die *Reifegradentwicklung* hinsichtlich Funktionen und Topologie *differenzierter* und *zeitiger* erfolgen kann. Für die jeweilige *Engineering-Dokumentation* bringt dies gleichzeitig eine Verbesserung des *Homogenitätsaspekts* mit sich.

4.3 Übertragbarkeit der Methode

In den vorangegangenen Kapiteln wurde eine Methode zur ergebnisorientierten Gestaltung von Entwicklungsprozessen anhand des Fallbeispiels Kabelbaum in der Automobilindustrie hergeleitet und validiert. Die dem Ansatz zugrundegelegten Modelle sind dabei weitgehend anwendungsneutral aufgebaut und lassen sich problem- und projektspezifisch ausgestalten. Eine Übertragung der Methode auf andere Produktentwicklungsprozesse wird dadurch ermöglicht. Ein sinnvolles Einsatzszenario und Grenzen des vorgestellten Verfahrens ergeben sich aus dem dieser Arbeit zugrundeliegenden ganzheitlichen Optimierungsanspruch hinsichtlich des Entwicklungs- und Produktionsaufwands des jeweiligen Produkts.

Das Hauptanwendungsgebiet der bereitgestellten Planungsmethode liegt im Aufbau von Prozessen zur integrierten Entwicklung komplexer, technischer Produkte, welche einen aufwandsintensiven Produktionsprozeß mit sich bringen. Hohe Stückzahlen erhöhen die Notwendigkeit einer ergebnisorientierten Betrachtung. Im Bereich der Automobilindustrie können daher analog zur Behandlung der Elektrik/Elektronik-Prozesse z. B. die Fahrzeugkonstruktion, die Komponenten- oder die Motor/Triebstrang-Entwicklung untersucht und optimiert werden. So findet derzeit ein weiterer Praxiseinsatz im Bereich der Starter/Generator-Konzeption statt. Ähnlich wie beim Fallbeispiel Kabelbaum stehen auch bei diesen Anwendungen während der Entwicklung im wesentlichen teile-, topologie- und tätigkeitsbezogene Produktaspekte im Spannungsfeld mit der funktionalen Qualität des Produkts. Für eine Gestaltung von Entwicklungsprozessen immaterieller Produkte wie Software und Dienstleistungen wurde die Methode nicht konzipiert.

Neben den diversen aufgezeigten Anwendungsmöglichkeiten in der gesamten Fahrzeugindustrie läßt sich die im Rahmen dieser Arbeit entwickelte Methode auch auf gleichartige Produkte anderer Branchen übertragen. Beispiele hierfür sind die Bahntechnik, der Maschinen- und Anlagenbau, die Fertigungs- sowie die Luft- und Raumfahrtindustrie (z. B. Entwicklung von Verkehrsflugzeugen oder Satelliten).

5 Zusammenfassung

Industrieunternehmen am Standort Deutschland stehen den Herausforderungen eines harten internationalen Wettbewerbs gegenüber. Moderne Informationstechnologien ermöglichen Ländern mit niedrigen Lohn- und Lohnnebenkosten das Anbieten von Produkten mit gleichwertiger Qualität oftmals zu günstigeren Preisen.

Unternehmen haben die dringende Notwendigkeit erkannt, den Aufwand für die Bereitstellung marktfähiger Produkte über die Gestaltung ihrer internen Prozesse zu minimieren. In der industriellen Praxis werden derzeit im Bereich der Planung und Optimierung von Entwicklungsprozessen mit zahlreichen Reorganisationsprojekten aktiv Veränderungen herbeigeführt. Hierbei führen jedoch lokale, technologiezentrierte Ansätze nicht zur vollständigen Erschließung aller vorhandenen Verbesserungspotentiale. Es zeigt sich vielmehr, daß eine zu stark aufwands- und kapazitätsreduzierte Produktentwicklung Kosteneinsparungen an anderer Stelle verhindert und sich somit bezüglich dem Erreichen einer optimierten Gewinnsituation des Unternehmens gegenläufig verhält.

Vor diesem Hintergrund wurde im Rahmen der vorliegenden Arbeit eine neuartige, modellbasierte Methode entwickelt, mit deren Einsatz Entwicklungsprozesse im Hinblick auf die Erzielung einer bestmöglichen Produkt- und Produktionsdefinition gestaltet werden können. Damit wird der Forderung entsprochen, Entwicklungsprozesse stärker an den Anforderungen nachgelagerter Unternehmensprozesse auszurichten um so die Realisierung minimaler Produktionsaufwände zu unterstützen.

Als Elemente der Methode wurden die eng vernetzten Basiskonstrukte Prozeß-, Produkt- und Bewertungsmodell definiert. Ergänzend wird durch ein Vorgehensmodell deren struktureller Zusammenhang verdeutlicht und eine Ablauflogik zur Anwendungsunterstützung vorgegeben.

Mit Hilfe des Prozeßmodells können sowohl Ist-Prozesse als auch Soll-Prozeßszenarien detailliert dargestellt und für eine Bewertung aufbereitet werden. Ein erweitertes Produktmodell, welches neben funktionaler, topologischer und teilerelevanter Aspekte auch die Abbildung von Montage- und Logistikgesichtspunkten erlaubt, ermöglicht es, das angestrebte Entwicklungsergebnis bezüglich seines späteren Eigenschaftsprofils zu formulieren. Durch das integrierte Bewertungsmodell kann eine systematisierte Entscheidungsunterstützung im Bereich der ergebnisorientierten Produkt- und Prozeßentwicklung geleistet werden. Als Grundlage für die ergebnisorientierte Planung der Prozeßgestaltungsparameter Ablauforganisation, Aufbauorganisation und Informationstechnologie wurden idealtypische, prozeßstrukturunabhängige Referenzsituationen beschrieben. Durch die Formulierung von Prozeßbewertungskriterien kann eine umfassende Beurteilung alternativer Entwicklungsprozesse hinsichtlich Entwurfs- und Abstimmungsstrukturen durchgeführt werden.

Eine Validierung des methodischen Konzepts wurde durch den praktischen Methodeneinsatz am Fallbeispiel der Prozeßkette Elektrik/Elektronik im Automobilbau durchgeführt. Prinzipiell ist eine Übertragung des beschriebenen Ansatzes auf andere Branchen und Produkte möglich.

6 Ausblick

Vor dem Hintergrund eines ansteigenden Bedarfs an Verfahren und Werkzeugen für eine systematische Planungsunterstützung im Entwicklungsbereich ergibt sich die Notwendigkeit einer kontinuierlichen Weiterentwicklung der in dieser Arbeit aufgezeigten Ansätze zum methodischen Prozeßmanagement. Die Gestaltung ergebnisorientierter Entwicklungsprozesse kann dabei durch folgende methodische und technologische Maßnahmen ergänzend unterstützt werden:

- *Integration der Sichten „Service" und „Recycling" in das Produktmodell*
  Für aufbauende Arbeiten und weitere Anwendungen wird vorgeschlagen, das beschriebene Produktmodell um bisher nicht berücksichtigte lebenszyklus- und somit entwicklungsrelevante Aspekte eines Produkts entlang seiner Prozeßkette zu erweitern. Hierzu zählen Anforderungen aus Diagnose- und Reparatursicht sowie bezüglich der Wiederverwendung und Entsorgung.

- *Toolgestützte Produkt- und Prozeßbewertung zur Entscheidungsunterstützung*
  Zur Unterstützung einer bereichsübergreifenden Entscheidungsfindung während des Produkt und Prozeßentwurfs und als Mittel zur Abstimmung zwischen verteilten Arbeitsgruppen in der Entwicklung ist die Integration von Bewertungsmethoden und -werkzeugen anzustreben. Im Hinblick auf eine hohe Durchführungseffizienz sind konkrete Anforderungen für eine datentechnische Anbindung der in der vorliegenden Arbeit entwickelten Modelle an den Unternehmensdatenbestand abzuleiten. Darauf aufbauend kann ein weiterer Arbeitsschwerpunkt die Entwicklung eines hypertextbasierten Anwendungssystems zur rechnergestützten Produkt- und Konzeptbewertung auf Basis der Technologien JAVA und XML sein. Eine strukturierte Dokumentation der Entwurfsalternativen, deren Bewertungsergebnisse und der Begründung für die Auswahl einer Alternative bildet dabei die Basis für den Aufbau von Erfahrungshandbüchern und ist als unverzichtbarer Bestandteil des umfangreichen Erfahrungswissens eines Unternehmens zu sehen.

- *Erweiterung der Methode um den Aspekt der Schnittstellenplanung*
  Der gesamte Entwicklungsprozeß eines komplexen Produkts läßt sich in mehrere zentrale Entwicklungsprozeßketten aufteilen. Diese können durch das Leistungsspektrum der konzipierten Methode ergebnisorientiert und hoch integriert aufgebaut werden. Darüber hinaus ist es notwendig, durch weitere Forschungs-

arbeiten Möglichkeiten zur Kopplung verschiedener integrierter Teilprozesse und daraus resultierende Anforderungen an eine übergeordnete Gestaltungsmethode für Schnittstellen aufzuzeigen.

- *Anwendung der Prozeßmanagementansätze auf das „Virtual Engineering"*
  Durch den zeitlich begrenzten Zusammenschluß räumlich verteilter Organisationseinheiten und Kapazitäten entstehen zukünftig virtuelle Unternehmen. Zu untersuchen sind die daraus resultierenden Anforderungen an organisatorische und informationstechnische Konzepte zur Gestaltung von Prozeßmodellen für eine verteilte, kooperative Produktentwicklung. Eine erfolgreiche Projektrealisierung erfordert zudem den Einsatz integrierender Informations- und Kommunikationstechnologien, welche teilweise schon in Form von CSCW- und Workflow-Management-Systemen verfügbar sind.

Mit einer Verfolgung der skizzierten Weiterentwicklungen können neue Perspektiven für ein ergebnisorientiertes Prozeßmanagement im Kontext industrieller Produktentwicklungen eröffnet werden. Dabei gewinnen bei wachsender Produktkomplexität und zunehmend verteilter Standorte die Aspekte Ganzheitlichkeit, Moderation und Integration stark an Bedeutung.

7 Literatur

[AK87] Autorenkollektiv: Produktlinienanalyse: Bedürfnisse, Produkte und ihre Folgen, Hrsg.: Projektgruppe Ökologische Wirtschaft, Kölner Volksblatt Verlag, Köln, 1987.

[AK91] Autorenkollektiv: First principles of concurrent engineering - a competitive strategy for electronic system development, CALS Technical Report 005, CALS/CE Electronic Task Group, Washington D.C., 1991.

[AK93A] Autorenkollektiv: Technologiebewertung NFG auf Basis der Methodik 'Strategisches Management von Technologien (SMT)', Studie der Mercedes-Benz AG, Stuttgart, 1993.

[AK93B] Autorenkollektiv: Gemeinkosten vermeiden durch entwicklungsbegleitende Prozeßkostenkalkulation - Ein Ansatz zur konstruktionssynchronen Prognose von Produktlebenszykluskosten, in: Marktnähe und Kosteneffizienz schaffen, (Hrsg.: Horváth), S. 259-274, Stuttgart, 1993.

[AK95] Autorenkollektiv: Prozeßkettenoptimierung Elektrik/Elektronik-Rechnergestützte Methoden und Werkzeuge, in: CAD/CAM-Strategie der Mercedes-Benz AG, Dokumentation zum 2. CAD/CAM-Forum 5./6. Juli, Fellbach, 1995.

[AMBR97] Ambrosy, S.: Methoden und Werkzeuge für die integrierte Produktentwicklung, Shaker Verlag, Aachen 1997, zugl. Dissertation Technische Universität München, 1996.

[AND92] Anderl, R.: STEP - Grundlagen, Entwurfsprinzipien und Aufbau, in: Krause, F.-L., Ruland, D., Jansen, H. (Hrsg.): CAD'92, Springer Verlag, Berlin, Heidelberg, New York, S. 361-381, 1992.

[AND93A] Anderl, R.: CAD-Schnittstellen: Methoden und Werkzeuge zur CA-Integration, Hanser Verlag, München, Wien, 1993.

[AND93B] Anderl, R., Endres, M., Malle, B., Nill, R.: Künftige Anwender treiben mit ProSTEP Standardisierung voran, in: Computerwoche 20/93, 1993.

[AND95] Anderl, R., Wasmer, A.: Methoden zur Modellintegration im Produktentwicklungsprozeß, in: it + ti - Informationstechnik und Technische Informatik 37 (1995) 5, S. 18-24, 1995.

[BALZ92] Balzert, H.: Die Entwicklung von Softwaresystemen: Prinzipien, Methoden, Sprachen, Werkzeuge, BI-Wissenschaftsverlag, Mannheim u. a., 1992.

[BÄßL88] Bäßler, R.: Integration der montagegerechten Produktgestaltung in den Konstruktionsprozeß, Springer Verlag, Berlin u. a., Dissertation Universität Stuttgart, 1987.

[BAUE92] Bauer, P., Brockhoff, K.: Kennzahlenberechnung für Forschung und Entwicklung, in: RKW-Handbuch Forschung und Entwicklung, 20 (1992) 4, S. 3-22, 1992.

[BIND94] Binder, M.: Integrierte Steuerung von Produktkosten in den Phasen Entwicklung und Konstruktion, Forschungsbericht Nr. 2, Lehrstuhl für Allgemeine Betriebswirtschaftslehre und F&E-Management, Universität Stuttgart, 1994.

[BLÄS87] Bläsing, J. P.: FMEA - Failure Mode and Effects Analysis, Grundlagen und Anwendung der FMEA in der Konstruktion und Prozeßvorbereitung, München, Gesellschaft für Management und Technologie, 1987.

[BOOT83] Boothroyd, G., Dewhurst, P.: Design for Assembly, A Designers Handbook, Department of Mechanical Engineering, Manuskript, University of Massachusetts-Amherst, 1983.

[BOOT91] Boothroyd, G., Dewhurst, P.: Product Design for Assembly, Department for Industrial and Manufacturing Engineering, Manuskript, University of Rhode Island, 1991.

[BORT94] Bortolazzi, J.: Untersuchungen zur rechnergestützten Erfassung, Verwaltung und Prüfung von Anforderungsspezifikationen und Einsatzbedingungen elektronischer Steuerungs- und Regelungssysteme, Dissertation Universität Erlangen-Nürnberg, 1994.

[BREM97] Bremer, C. F., Corrêa, G. N., Rentes, A. F., Rozenfeld, H.: Integrated Business Process Modeling, Simulation and Workflow Management within an Enterprise Integration Methodology, in: Enterprise Engineering and Integration: Building International Consensus, Kosanke, K., Nell, J. G. (Eds.), Proceedings of ICEIMT '97, International Conference on Enterprise Integration and Modeling Technology, Torino, Italy, October 28-30, Springer Verlag, Berlin u. a., p. 400-407, 1997.

[BROC92] Brockhoff, K.: Forschung und Entwicklung - Planung und Kontrolle, 3. Auflage, München, 1992.

[BROD84] Brodie, M. L.: On the Development of Data Models, in: Brodie, M. L., Mylopoulos, J., Schmidt, J. W. (Eds.): On Conceptual Modelling - Perspectives from Artificial Intelligence, Databases, and Programming Languages, Springer, New York, p. 19-47, 1984.

[BRUN97] Bruno, G., Reyneri, C., Torchiano, M.: Enterprise Integration - Operational Models of Business Processes and Workflow Systems, in: Enterprise Engineering and Integration: Building International Consensus, Kosanke, K., Nell, J. G. (Eds.), Proceedings of ICEIMT '97, International Conference on Enterprise Integration and Modeling Technology, Torino, Italy, October 28-30, Springer Verlag, Berlin u. a., p. 408-419, 1997.

[BULL76] Bullinger, H.-J.: Ablaufplanung in der Konstruktion, Zeiten, Kapazitäten, Kosten, S. 35, Mainz, 1976.

[BULL94] Bullinger, H.-J.: Einführung in das Technologiemanagement: Modelle, Methoden, Praxisbeispiele, Teubner, Stuttgart, 1994.

[BULL95A] Bullinger, H.-J.: Deutsche Unternehmen sind keineswegs optimal organisiert, in: Computerwoche 26, 30/06/1995, S. 5, 1995.

[BULL95B] Bullinger, H.-J., Wiedmann, G., Niemaier, J.: Business Reengineering: Aktuelle Managementkonzepte in Deutschland - Zukunftsperspektiven und Stand der Umsetzung, IRB-Verlag, Stuttgart, 1995.

[BULL95C] Bullinger, H.-J., Kugel, R., Ohlhausen, P., Stanke, A.: Integrierte Produktentwicklung - Zehn erfolgreiche Praxisbeispiele, Gabler Verlag, Wiesbaden, 1995.

[BULL95D] Bullinger, H.-J., Warschat, J.: Concurrent Simultaneous Engineering Systems: The Way to successful product development, Springer Verlag, Berlin u. a., 1995.

[BULL96A] Bullinger, H.-J., Richter, M., Raith, T., Nohe, P.: Ergebnisorientiertes Entwicklungsprozeßmanagement - Aspekte zur Effektivitätssteigerung in der Automobilentwicklung, in: REFA-Nachrichten 6/96, S. 8-15, 1996.

[BULL96B] Bullinger, H.-J., Warnecke, H.-J.: Neue Organisationsformen im Unternehmen: Ein Handbuch für das moderne Management, Springer Verlag, Berlin u. a., 1996.

[BULL97A] Bullinger, H.-J., Lott, C.-U.: Target Management: Unternehmen zielorientiert gestalten und ergebnisorientiert führen, Campus Verlag, Frankfurt/Main, New-York, 1997.

[BULL97B] Bullinger, H.-J., Richter, M., Rauleder, P., Nohe, P.: Customer-Focused Engineering of Development Processes - Integrated View of IT-Support and Process Management, in: Proceedings of the European Conference on Integration in Manufacturing, 24-26 september, p. 11-20, Dresden, 1997.

[BULL97C] Bullinger, H.-J., Warschat, J.: Forschungs- und Entwicklungsmanagement: Simultaneous Engineering, Projektmanagement, Produktplanung, Rapid Product Development, Teubner Verlag, Stuttgart, 1997.

[BURK97] Burkhardt, R.: UML - Unified Modelling Language: objektorientierte Modellierung für die Praxis, 1. Aufl., Addison-Wesley, Bonn, 1997.

[BÜNT95] Bünting, H. F.: Organisatorische Effektivität von Unternehmungen: ein zielorientierter Ansatz, Gabler Verlag, Dt. Univ.-Verlag, Wiesbaden, 1995, zugl.: Dissertation Universität Bochum, 1994.

[CAES91] Caesar, C.: Kostenorientierte Gestaltungsmethodik für variantenreiche Serienprodukte, Variant Mode and Effects Analysis (VMEA), in: Fortschritt-Berichte VDI, Reihe 2: Fertigungstechnik, Nr. 218, 1991.

[CART92] Carter, D. E., Stilwell Baker, B.: CE Concurrent Engineering - The product development environment for the 1990s, Addison-Wesley, Reading, Massachusetts, 1992.

[CHEN91] Chen, P., Knöll, H. D.: Der Entity-Relationship-Ansatz zum logischen Systementwurf, BI-Wissenschaftsverlag, Mannheim u. a., 1991.

[CLAR92] Clark, K. B., Fujimoto, T.: Automobilentwicklung mit System - Strategie, Organisation und Management in Europa, Japan und USA, Campus Verlag, Frankfurt/New York, 1992.

[COAD90] Coad, P., Yourdon, E.: Object-oriented Analysis, Prentice-Hall, Englewood Cliffs, 1990.

[CORS96] Corsten, H.: Grundlagen und Elemente des Prozeßmanagement, Nr. 4, Schriften zum Produktionsmanagement, Universität Kaiserslautern, Lehrstuhl für Produktionswirtschaft, 1996.

[DEIß92] Deiß, M., Döhl, V.: Von der Lieferbeziehung zum Produktionsnetzwerk - Internationale Tendenzen in der Reorganisation der zwischenbetrieblichen Arbeitsteilung, in: Vernetzte Produktion: Automobilzulieferer zwischen Kontrolle und Autonomie, Deiß, M., Döhl, V. (Hrsg.), S. 5-48, Campus Verlag, Frankfurt/Main, 1992.

[DEMA82] DeMarco, T.: Structured Analysis and System Specification, Yourdon Press, New York, 1982.

[DGQ93] DGQ-Schrift 11-04: Begriffe zum Qualitätsmanagement, 5. Auflage, Beuth Verlag, Berlin, 1993.

[DIN87] DIN 55350 T11: Begriffe der Qualitätssicherung und Statistik, Beuth Verlag, Berlin, 1987.

[DIN89] DIN 32992: Kosteninformationen, Berechnungsgrundlagen. Teil 1: Kalkulationsarten und -verfahren, Teil 2: Verfahren der Kurzkalkulation, Beuth Verlag, Berlin, 1989.

[DIN90] DIN 32991: Beiblatt 1 zu Teil 1: Gestaltungsgrundsätze für Kosteninformationsgrundlagen. Beispiele für Relativkosten-Blätter, Beuth Verlag, Berlin, 1990.

[DORN93] Dorner, F.: Beitrag zur Beurteilung der Wirksamkeit organisatorischer Maßnahmen am Beispiel der Zeitwirtschaft in der Konstruktion, Dissertation RWTH Aachen, Shaker Verlag, 1993.

[EHRE94] Ehrenberg, B., Schneider, P.: Remodellierung existierender relationaler Datenbanken in einem objektorientierten Modell (EXPRESS), Daimler-Benz AG (Hrsg.), Ulm, 1994.

[EHRL85] Ehrlenspiel, K.: Kostengünstig Konstruieren, Konstruktionsbücher Band 35, Springer Verlag, Berlin u. a., 1985.

[EHRL95] Ehrlenspiel, K.: Integrierte Produktentwicklung: Methoden für Prozessorganisation, Produkterstellung und Konstruktion, Carl Hanser Verlag, München, Wien, 1995.

[EISE91] Eisenführ, F.: Betriebswirtschaftliche Organisationslehre, Aachen, 1991.

[ELGA96] Elgass, P.: Teambasierte Geschäftsprozeßplanung - Konzeption und prototypische Umsetzung eines computergestützten Planungsmodells, Gabler Verlag, Wiesbaden, 1996.

[EMM98] Emmerich, H., Besler, S.: Inhaltsübersicht Projektgemeinschaft KV1 - Integration von Produkt- und Prozeßentwicklung, Arbeitsfeld A, BMBF-Projekt GiPP, URL:http://www.siemens.de/zt_pp/gipp/ aufgerufen am 03/06/98, 1998.

[EVER95] Eversheim, W., Bochtler, W., Laufenberg, L.: Simultaneous Engineering - Erfahrungen aus der Industrie für die Industrie, Springer Verlag, Berlin u. a., 1995.

[EVER97] Eversheim, W., Kölscheid, W., Walz, M.: Concurrent Engineering Reference Model for Integrated Product Development, in: Enterprise Engineering and Integration: Building International Consensus, Kosanke, K., Nell, J. G. (Eds.), Proceedings of ICEIMT '97, International Conference on Enterprise Integration and Modeling Technology, Torino, Italy, October 28-30, Springer Verlag, Berlin u. a., p. 459-466, 1997.

[FERS93] Ferstl, O., Sinz, E.: Der Modellierungsansatz des Semantischen Objektmodells (SOM), Bamberger Beiträge zur Wirtschaftsinformatik Nr. 18, September 1993, S. 1-20, 1993.

[FILO98] Filos, E.: ESPRIT - Information Technologies RTD Programme, Domain 8: Integration in Manufacturing, Summaries of projects Fourth Framework Programme, URL:http://www.cordis.lu/esprit/src/iimhome.htm aufgerufen am 04/06/98, Brüssel, 1998.

[FRAN89] Franke, W. D.: FMEA - Fehlermöglichkeits- und -einflußanalyse in der industriellen Praxis, 2. Überarb. Und erweiterte Auflage, Verlag Moderne Industrie, Landsberg/Lech, 1989.

[FRAZ96] Franz, S., Scholz, R.: Prozeßmanagement leichtgemacht: Prozesse effektiv gestalten; ein Leitfaden für die Praxis, Hanser Verlag, München, Wien, 1996.

[FRÖH90] Fröhling, O.: Mehr Controlling in Forschung und Entwicklung nötig, in: io Management Zeitschrift, 59 (1990) 11, S. 67-71, 1990.

[FROM93] Fromm, H.: Dynamische Modelle zur Analyse und Optimierung von Geschäftsprozessen, in: Wege aus der Krise - Geschäftsprozeßoptimierung und Informationslogistik, H.-J. Bullinger (Hrsg.), Springer Verlag, Berlin u. a., 1993.

[FUNK96] Funke, T.: Prozeßmodell für teamorientierte Unternehmen, Shaker Verlag, Aachen 1996, zugl.: Dissertation TH Aachen, 1996.

[GAIT94] Gaitanides, M., Scholz, R., Vrohlings, A., Raster, M.: Prozeßmanagement: Konzepte, Umsetzungen und Erfahrungen des Reengineering, Carl Hanser Verlag, München, Wien, 1994.

[GEHR98] Gehr, F., Kulow, B.: Bewertung von Geschäftsprozessen - Konzepte, Methoden und Hilfsmittel, Ergebnispapier zum Querschnittsthema 1.3 auf der Grundlage der Arbeitssitzung AK-1/III vom 24/09/97, Forschungsprojekt GiPP, FhG-IPA, Stuttgart, URL:http://www.ipa.fhg.de/100/projekte/gipp-ak1/ aufgerufen am 26/05/98, 1998.

[GEND95] Genderka, M.: Objektorientierte Methode zur Entwicklung von Produktmodellen als Basis Integrierter Ingenieursysteme, Shaker Verlag, Aachen, 1995, zugl. Dissertation Universität Paderborn, 1994.

[GENT94] Gentner, A.: Entwurf eines Kennzahlensystems zur Effektivitäts- und Effizienzsteigerung von Entwicklungsprojekten: dargestellt am Beispiel der Entwicklungs- und Anlaufphasen in der Automobilindustrie, Franz Vahlen Verlag, München, 1994.

[GETT93] Getto, G.: Methoden, Tools und Vorgehensweisen zur Prozeßanalyse, interner Bericht der Daimler-Benz AG, Forschung und Technik, 1993.

[GIDA96] GIDA: Durchgängige Unterstützung für STEP-konforme Datenintegration, Werkzeuge, Schulungen, Implementierungen, Gesellschaft für Integrierte Datenbankanwendungen mbH (Hrsg.), Berlin, 1996.

[GLÜC95] Glück, P.: Durchlaufzeitverkürzung in der Produktentwicklung: Bewertung von Parallelisierungs- und Überlappungsmaßnahmen, Lang, Berlin u. a., 1995, zugl.: Dissertation Universität München, 1994.

[GOLM96] Golm, F.: Gestaltung von Entscheidungsstrukturen zur Optimierung von Produktentwicklungsprozessen, Dissertation Technische Universität Berlin, 1996.

[GRAA96] Graaf, R. de: Assessing product development - Visualizing process and technology performance with RACE, Dissertation Technische Universität Eindhoven, Verweij, Mijdrecht, 1996.

[GRAB93] Grabowski, H., Anderl, R., Polly, A.: Integriertes Produktmodell - Entwicklungen zur Normung von CIM, (Hrsg.: Warnecke, H.-J. u.a.), Beuth Verlag, Berlin, Wien, Zürich, 1993.

[GRAB94A] Grabowski, H., Kunz, J., Rude, S., Herbst, A., Malle, B.: Langzeitarchivierung in ProSTEP, in: CAD/CAM-Report, Nr. 4/94, S. 48-53, 1994.

[GRAB94B] Grabowski, H., Malle, B.: Einsatz des AP214 für die Archivierung von Produktdaten in der Automobilindustrie, Daimler-Benz AG, Ulm, 1994.

[GRAB95A] Grabowski, H., Lockemann, P.: Produktmodellierung für die rechnerintegrierte Fertigung, in: it + ti - Informationstechnik und Technische Informatik 37 (1995) 5, S. 5-6, 1995.

[GRAB95B] Grabowski, H., Meis, E., Hain, K.: Integriertes Produkt- und Produktionsmodell, in: it + ti - Informationstechnik und Technische Informatik 37 (1995) 5, S. 32-38, 1995.

[HAHN95] Hahner, C.: Lebenszyklusaufwandsanalyse für Alternative Antriebssysteme, Studie im Entwicklungsbereich PKW der Mercedes-Benz AG, Stuttgart, 1995.

[HAIS91] Haist, F., Fromm, H.: Qualität im Unternehmen, Carl Hanser Verlag, München-Wien, 1991.

[HAMM94] Hammer, M., Champy, J.: Business reengineering: Die Radikalkur für das Unternehmen, Campus Verlag, Frankfurt/Main, 1994.

[HANE94] Hanewinckel, F.: Entwicklung einer Methode zur Bewertung von Geschäftsprozessen, Fortschritt-Berichte VDI, Reihe 16: Technik und Wirtschaft, Nr. 71, VDI-Verlag, Düsseldorf, zugl. Dissertation Universität Hannover, 1994.

[HARE92] Harendza, H. B., Charton-Brockmann, J.: Geschäftsprozesse planen und optimieren, in: ZwF 87 (1992), Nr. 10, S. 563-566, 1992.

[HART98] Hartmann, H.: Personal- und organisationswissenschaftliche Aspekte bei der Geschäftsprozeßgestaltung, Querschnittsthema QT3 - BMBF-Forschungsprojekt GiPP, BMW AG, München, URL:http://www.siemens.de/zt_pp/gipp/ aufgerufen am 03/06/98, 1998.

[HEIM97] Heimbrock, K. J.: Dynamisches Unternehmen: erfolgreiche Unternehmensarchitektur durch Organisationsevolution, Datakontext Fachverlag, Köln, 1997.

[HELL94] Hellmuth, T. W., Maier, M.: STEP: Chance oder Werbeslogan?, in: CAD/CAM-Report, Nr.10/94, S. 44-55, 1994.

[HEMM85] Hemmert, U.: Entwicklung ablauforganisatorischer Sollkonzepte. Methodologische Betrachtung unter besonderer Berücksichtigung von Reorganisation im Bürobereich, Dissertation RWTH Aachen, 1985.

[HICH78] Hichert, R.: Stufenweise Ableitung eines praktischen Planungssystems für den Entwicklungsbereich, Mainz, 1978.

[HOF98] Hofer-Alfeis, J.: Übersicht Projektorganisation GiPP, Siemens AG ZT PP, München, URL:http://www.siemens.de/zt_pp/gipp/, 1998.

[HORV89] Horváth, P., Mayer, R.: Prozeßkostenrechnung - Der neue Weg zu mehr Kostentransparenz und wirkungsvolleren Unternehmensstrategien, in: Controlling 1 (1989) 4, S. 214-219, 1989.

[HORV90] Horváth, P., Renner, A.: Prozeßkostenrechnung - Konzept, Realisierungsschritte und erste Erfahrungen, in: Zeitschrift für fortschrittliche Betriebsführung 39 (1990) 3, S. 100-107, 1990.

[HORV91] Horváth, P.: Synergien durch Schnittstellencontrolling, Stuttgart, 1991.

[HORV92] Horváth, P.: Effektives und schlankes Controlling, Schäffer Poeschel Verlag, Stuttgart, 1992.

[HORV94] Horváth, P.: Zurück zur Basis - was Reengineering den Controller lehrt, in: Kunden und Prozesse im Fokus: Controlling und Reengineering, Horváth (Hrsg.), Schäffer Poeschel Verlag, Stuttgart, 1994.

[HUM89] Humphrey, W. S.: Managing the software process, Addison-Wesley, London, 1989.

[IDS95] IDS: Business Reengineering mit dem ARIS-Toolset, Handbuch zum ARIS-Toolset-Version 3.0, (Hrsg.: IDS Prof. Scheer GmbH), Saarbrücken, 1995.

[ISO91] ISO: ISO CD 10303-11, TC 184/SC4 N83: Product Data Representation and Exchange - Part 11: The EXPRESS Language Reference Manual. Committee Draft, International Organization for Standardization, 1991.

[ISO93A] ISO: ISO CD 10303-11, TC 184/SC4/WG5 N51: Product Data Representation and Exchange - Part 11: The EXPRESS Language Reference Manual. Committee Draft, International Organization for Standardization, 1993.

[ISO93B] ISO: ISO DIS 10303-1, TC 184/SC4: Industrial automation systems - product data representation and exchange - Part 1: Overview and fundamental principles, Owner/Editor: Mason, H., Shaw, N., International Organization for Standardization, 1993.

[ISO94] ISO: ISO IS 10303-11, TC 184/SC4 N83: Product Data Representation and Exchange - Part 11: EXPRESS Language Reference Manual. International Standard, Owner/Editor: Spiby, P., International Organization for Standardization, 1994.

[JACO92] Jacobson, I., Christerson, M., Jonsson, P., Övergaard, G.: Object-Oriented Software Engineering, Readings, Addison-Wesley, Massachusetts, 1992.

[JAHN94] Jahn, S., Burkert, W.-D.: Quality Function Deployment - der Kompaß der integrierten Produktplanung, in: VDI-Berichte Nr. 1136, S. 99-120, 1994.

[JORY90A] Jorysz, H. R., Vernadat, F. B.: CIM-OSA Part 1: total enterprise modelling and function view, in: International Journal of Computer Integrated Manufacturing, Vol. 3, No. 3/4, p. 144-156, 1990.

[JORY90B] Jorysz, H. R., Vernadat, F. B.: CIM-OSA Part 2: information view, in: International Journal of Computer Integrated Manufacturing, Vol. 3, No. 3/4, p. 157-167, 1990.

[JOST93] Jost, W.: EDV-gestützte CIM-Rahmenplanung, Gabler Verlag, Wiesbaden, 1993.

[JURA93] Juran, J. M.: Der neue Juran: Qualität von Anfang an, Verlag moderne industrie, Landsberg/Lech, 1993.

[KAMI93] Kamiske, G. F., Brauer, J.-P.: Qualitätsmanagement von A bis Z: Erläuterung moderner Begriffe des Qualitätsmanagements, Carl Hanser Verlag, München - Wien, 1993.

[KELL92] Keller, G., Kirsch, J., Nüttgens, M., Scheer, A. W.: Ereignisgesteuerte Prozeßketten (EPK), Veröffentlichung des Instituts für Wirtschaftsinformatik an der Universität des Saarlandes, Heft 89, 1992.

[KELL95] Keller, G.: Modellierung von Geschäftsprozessen mit der EPK-Methode, in: Entwicklungsmethoden für Informationssysteme und deren Anwendung, Mitteilungen der GI-Fachgruppe EMISA, Heft 1/95, S. 47-50, Münster, 1995.

[KLAS85] Klasmeier, U.: Kurzkalkulationsverfahren zur Kostenermittlung beim methodischen Konstruieren, Dissertation Technische Universität Berlin, 1985.

[KOSA97] Kosanke, K., Nell, J. G.: Enterprise Engineering and Integration: Building International Consensus, Proceedings of ICEIMT '97, International Conference on Enterprise Integration and Modeling Technology, Torino, Italy, October 28-30, Springer Verlag, Berlin u. a., 1997.

[KÖNN95] Könnel, B.: System-FMEA für einen Planungsprozeß, Protokoll zum Treffen des Arbeitskreises Prozeßkettenanalyse, -methoden und -instrumente am 20.06.95, Mercedes-Benz AG, Stuttgart, 1995.

[KRAL94] Krallmann, H.: Systemanalyse im Unternehmen: Geschäftsprozeßoptimierung, partizipative Vorgehensmodelle, objektorientierte Analyse, Oldenbourg Verlag, München, 1994.

[KRIC94] Krickl, O.: Geschäftsprozessmanagement: prozessorientierte Organisationsgestaltung und Informationstechnologie, Beiträge zur Wirtschaftsinformatik, Bd. 11, Physica-Verlag, Heidelberg, 1994.

[LAMP92] Lampkemeyer, U.: Objektschema und Methoden für ein rechnerintegriertes Angebotsplanungssystem im Werkzeug- und Formenbau, Dissertation Universität Hannover, 1992.

[LEHN94] Lehner, F.: Prozeßmodellierung und Prozeßmanagement, Forschungsbericht Nr. 14, Schriftenreihe des Lehrstuhls für Wirtschaftsinformatik und Informationsmanagement, Wissenschaftliche Hochschule für Unternehmensführung, Koblenz, 1994.

[LEIB95] Leiber, H.: Technologietrends und Prozeßänderungen in der Entwicklung der Automobilelektronik, in: Fortschritte in der Automobilelektronik, Entwicklung und Kooperation im Fokus der Automobilhersteller und Zulieferer, Verlag moderne industrie, Stuttgart, 1995.

[LENK94] Lenk, E.: Zur Problematik der technischen Bewertung, Hanser Verlag (Reihe Konstruktionstechnik München, Band 13), München, Wien 1994, zugl. Dissertation TU München, 1993.

[LIEB92] Liebelt, W.: Methoden und Techniken der Ablauforganisation, in: Handwörterbuch der Organisation, Frese, E. (Hrsg.), 3. Auflage, Stuttgart, 1991.

[MART90] Martin, J.: Information Engineering, Prentice-Hall, Englewood Cliffs, New Jersey, 1990.

[MAYE94] Mayer, C. F.: Bewertung von Rechnerinvestitionen durch den Vergleich von Wertschöpfungsketten, Springer Verlag, Berlin u. a., Dissertation Universität Stuttgart, 1993.

[MERI93] Mertins, K., Jochem, R.: Unternehmensmodellierung - Basis für die Unternehmensplanung, in: CIM - Ergebnisse aus Forschung und Praxis, Resultate und Anwendernutzen aus dem KCIM-Projekt zur entwicklungsbegleitenden Normung für die rechnerintegrierte Produktion, DIN e.V., Tagungsband, Stuttgart, 1993.

[MIER95] Mierzwa, M.: Methodengestützte Produktentwicklungsprozesse: eine theoretische und empirische Analyse unter besonderer Berücksichtigung qualitätsgestaltender Instrumente, Lang GmbH, Frankfurt/Main u. a., Europäische Hochschulschriften, Reihe 5, Volks- und Betriebswirtschaft, Bd. 1690, zugl.: Dissertation Wissenschaftliche Hochschule für Unternehmensführung Vallendar, 1994.

[MÜLC94] Müller, C.: Integrierte Planung von CAD-Investitionen, Carl Hanser Verlag, München, Wien, zugl.: Dissertation TU Berlin, 1993.

[MÜLR94] Müller, R.: Verfahren zur Bewertung von Auftrags-Durchlaufzeiten in den indirekt-produktiven Bereichen von Maschinenbau-Unternehmen, Springer Verlag, Berlin u. a., Dissertation Universität Stuttgart, 1994.

[MÜLS92] Müller, S.: Entwicklung einer Methode zur prozeßorientierten Reorganisation der technischen Auftragsabwicklung komplexer Produkte, Dissertation RWTH Aachen, 1992.

[NABE97] Nabe, C., Schmid, S. E.: Kopf oder Zahl? - Windows-Software hilft bei komplexen Entscheidungen, in: ct, Heft 5, S. 256-269, 1997.

[NAGL93B] Nagl, W. D.: Moderne Architekturen für CASE-Werkzeuge, in: Balzert, H. (Hrsg.), CASE Systeme und Werkzeuge, 5. Auflage, BI-Wissenschaftsverlag, Mannheim, 1993.

[NEUS95] Neuscheler, F.: Ein integrierter Ansatz zur Analyse und Bewertung von Geschäftsprozessen, Forschungszentrum Karlsruhe, Wissenschaftliche Berichte FZKA 5637, zugl. Dissertation Universität Karlsruhe, 1995.

[NIJS89] Nijssen, G. M., Halpin, T. A.: Conceptual Schema and Relational Database Design - A fact oriented approach, Prentice-Hall, Englewood Cliffs, 1989.

[NILL95] Nill, R., Klass, R.: STEP-Strategie der Mercedes-Benz AG, in: Produktdaten Journal, Anwenderberichte, Nr. 1/1995, S. 24-25, Mercedes-Benz AG (Hrsg.), Stuttgart, 1995.

[NOHE95A] Nohe, P.: Analyse der Elektrik/Elektronik-Prozeßkette am Beispiel der PKW-Kabelbaumentwicklung W202/W203, interner Bericht der Daimler-Benz AG, Stuttgart, 1995.

[NOHE95B] Nohe, P.: Verfahren zur Bewertung von Produktentwicklungsprozessen, Forschungsbericht Nr. 1, Institut für Arbeitswissenschaft und Technologiemanagement, Universität Stuttgart, 1995.

[NOHE96] Nohe, P.: Modellbausteine eines Verfahrens zur Bewertung von Produktentwicklungsprozessen, Forschungsbericht Nr. 2, Institut für Arbeitswissenschaft und Technologiemanagement, Universität Stuttgart, 1996.

[NOHE97] Nohe, P.: Ein Ansatz zur Prozeßbewertung als Bestandteil einer Methode zum ergebnisorientierten Entwicklungsprozeßmanagement, Forschungsbericht Nr. 3, Institut für Arbeitswissenschaft und Technologiemanagement, Universität Stuttgart, 1997.

[OCHS92] Ochs, B.: Methoden zur Verkürzung der Produktentstehungszeit, Hanser Verlag, München - Wien, zugl.: Dissertation Technische Universität Berlin, 1992.

[OMAG94] Omagbemi, R.: Die Messung und Beurteilung der Effizienz von Projekten der angewandten Forschung und Entwicklung, 1. Auflage, Verlag für Wissenschaft und Forschung, Berlin, zugl.: Dissertation Universität Münster, 1993.

[OV93] O. V.: Fragenkatalog zur Bewertung des Elektronik-Entwurfsprozesses, Mentor Graphics, Consulting Services Wilsonville, München, 1993.

[OV96] O. V.: Die Europäische Automobilindustrie 1996, Mitteilung der Kommission der Europäischen Gemeinschaften, Euro 9034, Brüssel, 1996.

[PAAS98] Paashuis, V.: The organisation of integrated product development, Springer Verlag, London, Berlin u. a., 1998.

[PAHL93] Pahl, G., Beitz, W.: Konstruktionslehre, Springer Verlag, 3. Auflage, Berlin u. a., 1993.

[PECK88] Peckham, J., Maryanski, F.: Semantic data models, ACM Computing Surveys 20, 3, p. 153-189, 1988.

[PFEI91] Pfeiffer, W.: Strategisches Technologie-Management bei anlagenintensiven Produktionsstrukturen, Forschungs- und Arbeitsbericht Nr. 17 am Lehrstuhl für Industriebetriebslehre, Universität Erlangen-Nürnberg, 1991.

[PIEL95] Pielok, T.: Prozeßkettenmodulation - Management von Prozeßketten mittels Logistic Function Deployment, Kuhn, A. (Hrsg.), Verlag Praxiswissen, Dortmund, 1995, zugl.: Dissertation Universität Dortmund, 1995.

[PRAS97] Prasad, B.: Concurrent Engineering Fundamentals Volume I & II, Prentice Hall PTR, Upper Saddle River, New Jersey, 1997.

[PREF95] Prefi, T.: Entwicklung eines Modells für das prozeßorientierte Qualitätsmanagement - Ein Beitrag zur Effektivitäts- und Effizienzsteigerung der betrieblichen Leistungserstellung, Beuth Verlag, Berlin u. a., zugl. Dissertation RWTH Aachen, 1995.

[PROS95] ProSTEP: Austausch von Produktdaten auf der Basis von STEP reif für die Praxis (ProSTEP GmbH, Darmstadt), in: CAD/CAM-Report, 2/95, 1995.

[RATH96] Rathgeb, M.: Verfahren zur Gestaltung rechnergestützter Büroprozesse, Springer Verlag, Berlin u. a. 1996, zugl. Dissertation Universität Stuttgart, 1995.

[REFA85] REFA: Methodenlehre der Planung und Steuerung (MLPS), Teil 1, Hanser Verlag, München, 1985.

[REIN93] Reinhardt, W.: Controlling von F&E-Projekten: ergebnis- und prozeßorientiertes F&E-Projektcontrolling als Baustein im Konzept just in time in F&E und Konstruktion, Verlag Wissenschaft und Praxis, Berlin, zugl.: Dissertation TU München, 1993.

[REIN97] Reinhart, G. et al.: Effiziente Produktentwicklung - Integration von Konstruktion und Montageplanung, in: VDI-Z 139 (1997), Nr. 4 - April, S. 40-43, 1997.

[RICM92] Richter, M.: Integrierte Produktentwicklung und Montageplanung, in: REFA-Nachrichten 2/1992, S. 10-21, 1992.

[ROSN91] Rosenstengel, B.: Petri-Netze - Eine anwendungsorientierte Einführung, Vieweg Verlag, Braunschweig u. a., 1991.

[ROSS85] Ross, D. T.: Applications and Extensions of SADT, Computer, (1985) 4, 1985.

[RUMB91] Rumbaugh, J., Blaha, M., Premerlani, W., Eddy, F.: Object-Oriented Modeling and Design, Prentice-Hall, Englewood Cliffs, New Jersey, 1991.

[SARE93] Saretz, B.: Entwicklung einer Methodik zur Parallelisierung von Planungsabläufen: Ein Beitrag zur Reduzierung von Produktentwicklungszeiten in der Serienproduktion, Aachen, Shaker Verlag, zugl.: Dissertation TH Aachen, 1993.

[SCAE90] Schaele, M.: Erstellen und Bewerten von Konzepten zur Rechnerintegrierten Produktion im Werkzeugbau, Dissertation Universität Hannover, 1990.

[SCÄF90] Schäfer, H.: CAD/CAM-Planung langfristiger Gesamtkonzeptionen, VDI-Verlag, Düsseldorf, 1990.

[SCEE90] Scheer, A. W.: Modellierung betriebswirtschaftlicher Informationssysteme, in: Wirtschaftsinformatik, Nr. 32, Heft 5, S. 403-421, 1990.

[SCEE95] Scheer, A. W.: Wirtschaftsinformatik - Referenzmodelle für industrielle Geschäftsprozesse, 6. Auflage, Springer Verlag, Berlin u. a., 1995.

[SCLE91] Schlechtendahl, E.: STEP/EXPRESS/STEP-Datei, in: Informatik Spektrum, Band 14, Heft 2, S. 104-106, 1991.

[SCOL90] Scholz-Reiter, B.: Konzeption eines rechnergestützten Werkzeugs zur Analyse und Modellierung integrierter Informations- und Kommunikationssysteme in Produktionsunternehmen, Dissertation Universität Berlin, 1990.

[SCOL94] Scholz, R.: Geschäftsprozeßoptimierung - crossfunktionale Rationalisierung oder strukturelle Reorganisation, Josef Eul Verlag, Bergisch Gladbach/Köln, 1994.

[SCUB91] Schubert, B.: Entwicklung von Konzepten für Produktinnovationen mittels Conjoint-Analyse, Stuttgart, 1991.

[SCUH89] Schuh, G.: Gestaltung und Bewertung von Produktvarianten - ein Beitrag zur systematischen Planung von Serienprodukten, Fortschritts-Berichte VDI Reihe 2, Nr. 177, VDI-Verlag, Düsseldorf, 1989.

[SCUL90] Schulte, H.: Controlling für das Innovationsmanagement, in: Controlling, 2 (1990) 2, S. 76-81, 1990.

[SEID93] Seidenschwarz, W.: Target Costing: marktorientiertes Zielkostenmanagement, Vahlen Verlag, München, zugl.: Dissertation Universität Stuttgart, 1992.

[SHLA88] Shlaer, S., Mellor, S. J.: Object-Oriented Analysis: Modeling the World in Data, Englewood Cliffs, New Jersey, Prentice-Hall, 1988.

[SIHN95] Sihn, W.: Unternehmensmanagement im Wandel: Erfolg durch Kunden-, Mitarbeiter- und Prozeßorientierung, Carl Hanser Verlag, München, Wien, 1995.

[SIMO94] Simon, C.: Qualitätsgerechte Simultane Produktentwicklung: Entwicklung und Umsetzung eines Vorgehensmodells, Gabler Verlag, Wiesbaden 1995, zugl. Dissertation Universität Saarbrücken, 1994.

[SINZ93] Sinz, E.: Datenmodellierung im Strukturierten Entity-Relationship-Modell (SERM), in: Müller-Ettrich, G. (Hrsg.): Fachliche Modellierung von Informationssystemen - Methoden, Vorgehen, Werkzeuge, Addison-Wesley, Bonn u. a., S. 63-126, 1993.

[SMIT77] Smith, J. M., Smith, D. C. P.: Database Abstractions: Aggregation and Generalization, ACM Transactions on Database Systems, Vol. 2, No. 2, p. 105-133, June 1977.

[SPER97] Sperling, H. J.: Restrukturierung von Unternehmens- und Arbeitsorganisation - eine Zwischenbilanz; Trend-Report, Partizipation und Organisation, Schüren Presseverlag, Marburg, 1997.

[STOT89] Stotko, E. C.: CIM-OSA, in: CIM Management 5 (1989) 1, S. 9-15, 1989.

[STRI88] Striening, H. D.: Prozeßmanagement: Versuch eines integrierten Konzeptes situationsadäquater Gestaltung von Verwaltungsprozessen in multinationalen Unternehmen, Dissertation Universität Karlsruhe, 1988.

[STUF94] Stuffer, R.: Planung und Steuerung der Integrierten Produktentwicklung, München-Wien, Carl Hanser Verlag, zugl.: Dissertation TU München, 1993.

[SUSY86] Su, S. Y. W.: Modeling Integrated Manufacturing Data with SAM*, IEEE Computer Magazin, p. 34-49, January, 1986.

[TEGE96] Tegel, O.: Methodische Unterstützung beim Aufbau von Produktentwicklungsprozessen, Schriftenreihe Konstruktionstechnik 35 (Hrsg.: W. Beitz), zugl. Dissertation Technische Universität Berlin, 1996.

[THOM89] Thoma, W.: Erfolgsorientierte Beurteilung von F&E-Projekten, Darmstadt, 1989.

[TRÄN90] Tränckner, J.-H.: Entwicklung eines prozeß- und elementorientierten Modells zur Analyse und Gestaltung der technischen Auftragsabwicklung von komplexen Produkten, Dissertation RWTH Aachen, 1990.

[ULR95] Ulrich, K. T., Eppinger, S. D.: Product design and development, McGraw-Hill, New York, 1995.

[VDI91] VDI-Zentrum Wertanalyse: Wertanalyse, Idee, Methode, System, VDI-Verlag, Düsseldorf, 1991.

[VDIR82] VDI-Richtlinie 2234: Wirtschaftliche Grundlagen für den Konstrukteur, VDI-Verlag, Düsseldorf, 1982.

[VDIR87] VDI-Richtlinie 2235: Wirtschaftliche Entscheidungen beim Konstruieren: Methoden und Hilfen, VDI-Verlag, Düsseldorf, 1987.

[WACH93] Wach, J. J.: Problemspezifische Hilfsmittel für die integrierte Produktentwicklung, Dissertation TU München, 1993.

[WARD91] Ward, P. T., Mellor, S. J.: Strukturierte Systemanalyse von Echtzeit-Systemen, Carl Hanser Verlag, München u. a., 1991.

[WARS94] Warschat, J., Berndes, S.: Simultaneous Engineering - Organisation und Informationsverarbeitung, in: VDI-Berichte Nr. 1136, S. 183-206, 1994.

[WEIS95] Weisbecker, A.: Ein Verfahren zur automatischen Generierung von software-ergonomisch gestalteten Benutzungsoberflächen, IPA-IAO Forschung und Praxis, Band 221, Springer Verlag, Berlin u. a., H. J. Warnecke, H.-J. Bullinger (Hrsg.), zugl. Dissertation Universität Stuttgart, 1995.

[WHEE94] Wheelwright, S. C., Clark, K. B.: Revolution der Produktentwicklung - Spitzenleistung in Schnelligkeit, Effizienz und Qualität durch dynamische Teams, Campus Verlag, Frankfurt/Main, 1994.

[WINZ97] Winz, G., Quint, M.: Prozesskettenmanagement: Leitfaden für die Praxis, Verlag Praxiswissen, Dortmund, 1997.

[ZANG73] Zangemeister, C.: Nutzwertanalyse in der Systemtechnik, 3. Auflage, Wittemannsche Buchhandlung, München, 1973.

[ZVEI89] ZVEI: ZVEI-Kennzahlensystem, 4. Auflage, Mindelheim, 1989.

Anhang A Ergänzende Begriffsbestimmungen

Ablauforganisation

Mit der Ablaufstruktur sind Funktionen mittels Folgebeziehungen so zusammengesetzt, daß ein geordneter Ablauf aufeinanderfolgender Ablaufelemente entsteht [LIEB92]. Die Ablauforganisation beschreibt die Aufeinanderfolge von Funktionen, die zur Entwicklung eines Produkts führen. Bei der Ablauforganisation handelt es sich um die Ordnung von Handlungsvorgängen [KRAL94].

Anlieferkonzept

Das Anlieferkonzept beschreibt die zeitliche und mengenmäßige Anlieferung eines bestimmten Produkts oder Bauteils.

Assoziation

Die Beschreibung von Assoziationen (Relationen, Beziehungen) zwischen Gegenständen dient dazu, die Zusammenhänge und Wechselwirkungen zwischen Gegenständen auszudrücken. Beziehungen werden durch das Konstrukt der Verbindung von Entities dargestellt [AND93A].

Attribut

Attribute stellen Eigenschaften von Entities dar. Diese Eigenschaften dienen der Zuordnung von Werten zu ihren Gegenständen. Es kann zwischen expliziten, referenzierten und abgeleiteten Attributen unterschieden werden [AND93A].

Aufbauorganisation

Die Aufbauorganisation schafft eine Zuständigkeitsordnung mit Verantwortungsbereichen und verknüpft damit Stellen, Aufgaben und Mitarbeiter [BULL76], [EISE91]. Die Aufbauorganisation erstreckt sich auf die Verknüpfung der organisatorischen Grundelemente zu einer organisatorischen Struktur und auf den Beziehungszusammenhang zwischen diesen Elementen [KRAL94].

Datentyp

Datentypen sind elementare Grundeinheiten, die in einem Schema zur Beschreibung eines Datenmodells herangezogen werden [AND93A], [GRAB93]. Folgende Datentypen werden häufig verwendet: Basisdatentypen (z. B. Integer, Boolean, Real), Zusammensetzungen (z. B. Feld, Liste), Entities, benutzerdefinierter Datentyp, Nummern, Aufzählung, Auswahl, generische Datentypen.

E/E-Komponenten

Zu sogenannten Elektrik/Elektronik (E/E)-Komponenten zählen Sensoren, Aktoren und Steuergeräte.

Effektivität

Unter Effektivität von Prozessen wird verstanden, daß alle vorgegebenen Aufgaben und Ziele wirksam im Sinne des Unternehmens sind („to do the right things") [BULL95C], [EVER95]. Effektive Prozesse, das heißt kundenorientierte Prozesse. Die Effektivität eines Prozesses wird bestimmt vom Grad der Übereinstimmung zwischen der Leistung des Prozesses und den Forderungen der Interessenpartner [PREF95]. Zur Einführung in die Effektivitätsthematik erfolgt bei Bünting eine ausführliche Auseinandersetzung mit dem Effektivitätsbegriff [BÜNT95].

Effizienz

Die Effizienz von Prozessen zielt darauf ab, Aufgaben mit einem minimierten Ressourcenverzehr zu erfüllen („to do the things right"). Die Effizienz von Prozessen ergibt sich aus dem Aufwand an Ressourcen und der realisierten Wertschöpfung [PREF95]. Effizienz läßt sich z. B. durch Vermeidung von Doppelarbeit steigern [BULL95C], [EVER95].

Entity

Ein Entity repräsentiert einen Gegenstand. Es beschreibt die Abbildung eines realen Sachverhaltes und wird häufig auch als Objekt bezeichnet (z. B. Objekt in EXPRESS-G). Entities besitzen Attribute, die ihre Eigenschaften darstellen. Es wird zwischen Entities unterschieden, denen eine eigenständige, von anderen Entities unabhängige Existenz zugeordnet wird und Entities, die nur abhängig von anderen existieren können [AND93A].

Informationstechnologie

Informationstechnologie ist die Gesamtheit verfügbarer Verfahren und Werkzeuge zur Bereitstellung und Verarbeitung von Informationen [KRIC94].

Kabelbaum

Ein Kabelbaum stellt die Gesamtheit aller in einem Produkt (z. B. Kraftfahrzeug) vorhandenen Leitungssätze dar.

Konzeptionelles Modell

Die Art und Weise der Darstellung eines Originals wird durch das konzeptionelle Modell vorgegeben. Es stellt eine Abstraktion des Originals dar, wobei nur die für die Problemlösung relevanten Aspekte des Originals durch das konzeptionelle

Modell abgebildet werden. Beim konzeptionellen Modell handelt es sich um eine homomorphe Abbildung des Problemgegenstandes [KRAL94].

Leitungssatz
Ein Leitungssatz stellt eine komplette Teilverkabelung dar, welche einzeln verlegt werden kann und nicht durch Steckverbindungen getrennt ist.

Leitungssatzvariante
Eine Leitungssatzvariante ist eine spezielle Ausprägung eines Leitungssatzes, welche als Grundvariante oder als Zusatz zu einem Basisleitungssatz (Add-On-Prinzip) generiert werden kann.

Modell
Ein Modell ist gegenüber einem realen Objekt ein vereinfachtes gedankliches oder stoffliches Gebilde, das Analogien zu diesem Objekt aufweist. Aus dem Verhalten des Modells können Rückschlüsse auf das Objekt gezogen werden [EHRL95]. Modelle abstrahieren als wesentlich erachtete Merkmale aus einer beobachtbaren und erfahrenen Welt. Sie sollen die dort auftretenden Phänomene in ihren Wirkungen erklären, auf Ursachen zurückführen und aus der Beobachtung von Phänomenen der Gegenwart Vorhersagen über Phänomene der Zukunft gewinnen. Folgerichtig kann man sich Modelle zunutze machen, um in die Zukunft gestalterisch einzugreifen [GRAB95A]. Ein Modell ist ein abstraktes System, das ein anderes (meist reales) System in vereinfachter Weise abbildet [KRAL94]. Ein abstrakt symbolisches Modell ist ein formales System zur zielgerichteten Abbildung eines realen Systems. Es enthält die für die Aufgabenstellung relevanten Merkmale des abzubildenden Systems. Die Modellbildung erfolgt durch Extrahierung der problemrelevanten Elemente des realen Systems sowie durch die Festlegung deren Beschreibungsinhalte und Beziehungen. Dabei kann es sich um eine rein verbale Abbildung handeln oder um eine Abbildung mittels eines künstlichen Sprachsystems (Modellierungsmethode), das aus symbolischen Zeichen und Syntaxregeln besteht [GEND95].

Partialmodell
Ein Partialmodell kennzeichnet eine definierte endliche Informationsmenge von Produktmerkmalen als Teil des Produktmodells. Es wird als konzeptionelles Modellschema spezifiziert und enthält semantisch zusammenhängende Produktmerkmale, die als Objekt und Objektstruktur festliegen. Die Verknüpfung von Objekten eines Partialmodells und Objekten verschiedener Partialmodelle erfolgt über die Festlegung von Beziehungen (Assoziationen) zwischen Objekten

[AND93A]. Zum Produktmodell im Rahmen von STEP gehören beispielsweise folgende Partialmodelle: Funktions-, Prinzip-, Baugruppen-, Einzelteil-, Geometrie-, Gestalts-, Toleranz-, Materialeigenschaften-, Technologie-, Fertigungsplanungs-, Montageplanungs- und Meß- und Prüfplanungsmodelle.

Produktmodell

Modell, das alle für die Produkterstellung, -nutzung und -entsorgung relevanten Informationen in hinreichender Vollständigkeit enthält [EHRL95]. Das Produktmodell ist Teil des Unternehmensdatenmodells, bildet als Träger der Produktinformationen alle charakteristischen Merkmale und Daten eines Produkts über dessen gesamten Produktlebenszyklus ab. Zum Produktlebenszyklus zählen u. a. Informationen aus dem Entwicklungsbereich, dem Produktionsbereich und den Bereichen Produktprüfung, -pflege und -wartung [GEND95].

Prozeß

Ein (Geschäfts-) Prozeß bezeichnet eine Abfolge von Tätigkeiten, Aktivitäten und Verrichtungen zur Schaffung von Produkten oder Dienstleistungen, die in einem direkten Beziehungszusammenhang miteinander stehen, und die in ihrer Summe den betriebswirtschaftlichen, produktionstechnischen, verwaltungstechnischen und finanziellen Erfolg des Unternehmens bestimmen [KRIC94], [STRI88]. Jeder Prozeß läßt sich als eine zu Prozeßketten vernetzte Folge von Einzelprozessen, auch Aktivitäten genannt, verstehen. Jeder Prozeß hat immer mindestens einen Lieferanten und mindestens einen Kunden, externe und interne. Jeder Prozeß liefert ein Produkt oder eine Dienstleistung als Output ab [BULL95C], [EVER95]. Ein Geschäftsprozeß verfolgt das Ziel, Material und Informationen in eine Form zu überführen, wie sie von einem Interessenpartner, unternehmensintern oder -extern, gefordert wird. Ständige Verbesserung und Erneuerung kennzeichnen die Interaktion des Geschäftsprozesses mit seiner lebenden Mitwelt [PREF95]. Geschäftsprozesse sind eine Folge von Aktivitäten, die auf ein vorgegebenes Ergebnis ausgerichtet sind und in wiederholter Folge durchlaufen werden. Die Aktivitäten sind in eine Strukturorganisation eingebettet und durch meßbare Eingaben, meßbare Werterhöhung und meßbare Ergebnisse gekennzeichnet [HARE92]. Die graphische Aufbereitung und Abbildung von Prozessen führt zu sogenannten Prozeßkettenplänen. Diese bilden die Grundlage des Prozeßketten-Managements [PIEL95]. Die ablauforganisatorische Zusammenfassung mehrerer Aufgaben wird Vorgang oder Prozeß genannt. Dabei wird unter einer Aufgabe in der betriebswirtschaftlichen Organisationslehre ein zu erfüllendes Handlungsziel, eine durch physische oder geistige Aktivitäten zu erfüllende Soll-Leistung verstanden [KRAL94].

Prozeßmanagement

Unter (Geschäfts-) Prozeßmanagement wird die prozeßorientierte Reorganisation und die mit der laufenden Abwicklung der Geschäftsprozesse verbundenen Planungs-, Steuerungs- und Kontrollaufgaben verstanden [KRIC94].

Qualität

Qualität ist die Gesamtheit von Merkmalen einer Einheit bezüglich ihrer Eignung, festgelegte und vorausgesetzte Erfordernisse zu erfüllen [DIN87], [EHRL95], [KAMI93].

Qualitätsmanagement

Unter Qualitätsmanagement wird die Gesamtheit aller qualitätsbezogenen Tätigkeiten und Zielsetzungen verstanden [DGQ93].

Schema

Ein Schema bezeichnet die Gesamtheit eines abgeschlossenen Datenmodells. Es wird durch dessen Elemente und deren Struktur charakterisiert. Ein Subschema stellt einen Ausschnitt aus der Gesamtheit eines Datenmodells dar [AND93A].

Vorgehensmodell

Ein Vorgehensmodell beschreibt, wie durch zielgerichtetes Vorgehen bei der Problembearbeitung eine Problemlösung erlangt werden kann. Das Vorgehensmodell kann dabei nicht immer deterministisch dargestellt werden. Es macht Angaben zu den Randbedingungen, den Zielkriterien und den Regeln für den Bearbeitungsablauf. Das Vorgehensmodell spezifiziert, auf welche Art und Weise und unter welchen Randbedingungen die Eigenschaften des Objektmodells zu modellieren sind [KRAL94].

Vorranggraph

Ein Vorranggraph ist eine netzplanartige Darstellung sämtlicher zur Montage eines Produkts gehörigen Tätigkeiten.

Anhang B Abbildungs- und Tabellenverzeichnis

B1 Abbildungen

B2 Tabellen

Anhang C Abkürzungen und Formelzeichen

C1 Abkürzungen

Abkürzung	Erklärung
A	Abstimmungs-Tätigkeit (Assessment-Tätigkeit)
AB	Ablauforganisation
Abb.	Abbildung
AD	Abstimmungs-Dokumentation (Assessment-Dokumentation)
AM	Methodische Abstimmungs-Tätigkeit
AP	Physikalische Abstimmungs-Tätigkeit
ARIS	Architektur integrierter Informationssysteme
AU	Aufbauorganisation
AwS	Anwendungssystem
Be	Befestigungselemente
BK	Bewertungskriterium
bzgl.	bezüglich
bzw.	beziehungsweise
CALS	Continuous Acquisition and Life Cycle Support
CE	Concurrent Engineering
d. h.	das heißt
DFA	Design for assembly
DFM	Design for manufacturing
DK	Durchführungskompetenz
DM	Development-Management
DO	Dokument (Datenobjekt)
DSS	Decision-Support-System
E	Entwurfs-Tätigkeit (Engineering-Tätigkeit)
E/E	Elektrik/Elektronik
ED	Engineering-Dokumentation
eEPK	erweiterte Ereignisgesteuerte Prozeßkette
EG	Elementgruppe

EK	Entscheidungskompetenz
EL	Modellierungselement
etc.	et cetera
EU	Europäische Union
EUS	Entscheidungsunterstützungssystem
F	Prozeß-Funktion, Produkt-Flexibilität
Fu	Partialmodell *Funktionen*
G	Gesamt
ggf.	Gegebenenfalls
Gln.	Gleichung
IAT	Institut für Arbeitswissenschaft und Technologiemanagement
IPMT	Interdisziplinäres Prozeßmanagementteam
IT	Informationstechnologie
jew.	jeweilig
K	Produkt-Kosten
KB	Kabelbaum
KFZ	Kraftfahrzeug
Lo	Partialmodell *Logistik*
Ls	Leitungssatz
Lt	Leitung
Lv	Leitungssatzvariante
max	Maximum
min	Minimum
O	Organisatorische Tätigkeit
ORG	Organisationseinheit
PKW	Personenkraftwagen
Pr	Protokoll
Q	Produkt-Qualität
SE	Simultaneous Engineering
Sgm.	Prozeßsegment
St	Steckverbindung
STEP	Standard for the Exchange of Product Model Data

Tä	Partialmodell *Tätigkeiten*
Te	Partialmodell *Teile*
To	Partialmodell *Topologie*
Tü	Tüllen
u. a.	unter anderem
vgl.	vergleiche
XML	Extensible Markup Language
z. B.	zum Beispiel

Tabelle 11: Verwendete Abkürzungen

C2 Formelzeichen

Formelzeichen	Erklärung
α	Steigungsabweichungswinkel
α_b	Bezugs-Steigungswinkel
α_{rs}	Soll-Steigungswinkel bezüglich Elementgruppen-Reifegrad
α_{ri}	Ist-Steigungswinkel bezüglich Elementgruppen-Reifegrad
A	Abstimmungsausmaß
A_b	Bezugs-Abstimmungsausmaß
ΔA	Abweichung des Abstimmungsausmaßes
a	Verwendungsart
b	Variable zur Bestimmung der Produktbeeinflussungen
b_K	Variable zur Bestimmung der kostenrelevanten Produktbeeinflussungen
b_Q	Variable zur Bestimmung der qualitätsrelevanten Produktbeeinflussungen
b_F	Variable zur Bestimmung der flexibilitätsrelevanten Produktbeeinflussungen
ci	Ist-Anzahl Abstimmungs-Tätigkeiten
cs	Soll-Anzahl Abstimmungs-Tätigkeiten
d	Dokumentationsausprägung

di	Ist-Dokumentationsausprägung
ds	Soll-Dokumentationsausprägung
d_{η}	Dokumentationszahl
$\Delta\, d$	Mittlere Homogenitätsabweichung
$\Delta\, D$	Gesamtabweichung Dokumentationsausprägung
F	Anzahl relevanter Tätigkeiten
f	Laufvariable für relevante Tätigkeiten (*f = 1...F)*
G	Gewichtungsfaktor Produktbewertungskriterium
GF	Gewichtungsfaktor essentielle Teile
g	Gewichtungsfaktor Elementgruppe
i	Laufvariable, Index für Ist-Größe
IS	Informationssicherheit
j	Laufvariable
k	Anzahl Bewertungskriterien
m	Anzahl beteiligter ORG-Einheiten an relevanten Tätigkeiten
n	Anzahl Prozeß-Segmente
P	Punktwert
$\Delta\, Q$	Gesamt-Qualifikationsabweichung (-unterdeckung)
Qi	Gesamt-Qualifikationsangebot
Qs	Gesamt-Qualifikationsanforderung
Q_{η_A}	Qualifikationszahl bezüglich Abstimmungs-Tätigkeiten
Q_{η_E}	Qualifikationszahl bezüglich Engineering-Tätigkeiten
qi	Ist-Qualifikationsprofil der jeweiligen Organisationseinheit
qs	Soll-Qualifikationsprofil der jeweiligen Organisationseinheit
$\Delta\, q_{\min}$	Minimale Einzel-Qualifikationsunterdeckung
R	Gesamtprodukt-Reifegrad
$\Delta\, R$	Gesamtprodukt-Reifegradzuwachs
Rü	Gesamtprodukt-Reifegrad am jeweiligen Phasenübergang
Rz_y	Gesamtprodukt-Reifegrad nach dem jeweiligen Schleifen-abschnitt
r	Elementgruppen-Reifegrad

Δr	Elementgruppen-Reifegradabweichung
ri	Ist-Elementgruppen-Reifegrad
rs	Soll-Elementgruppen-Reifegrad
Δri	Ist-Reifegradzuwachs der jeweiligen Elementgruppe
Δrs	Soll- Reifegradzuwachs der jeweiligen Elementgruppe
rz_y	Elementgruppen-Reifegrad nach dem jeweiligen Schleifen-abschnitt
r_η	Abweichungszahl Elementgruppen-Reifegrad
s	Index für Soll-Größe
T	Anzahl relevanter Tätigkeiten im jeweiligen Segment
t	Variable zur Bestimmung der Tätigkeitsart
u	Variable zur Bestimmung der Werkzeugunterstützung
v	Variable zur Bestimmung der Funktionsfolge
v_η	Rücksetzungszahl Elementgruppen-Reifegrad
W	Wichtigkeit Produktbewertungskriterium
w	Variable zur Bestimmung der Werkzeugeigenschaften
wi	Ist-Werkzeugeigenschaften
ws	Soll-Werkzeugeigenschaften
w_η	Werkzeugeigenschaftszahl
Δw	Abweichung Werkzeugeigenschaften
X	Anzahl essentieller Teile, Anzahl Ist-Dokumente
x	Laufvariable
Y	Anzahl nicht essentieller Teile, Anzahl Soll-Dokumente
y	Laufvariable
Z_{EL}	Zeitanteil je Montagetätigkeit
z_η	Rücksetzungszahl Gesamtprodukt-Reifegrad

Tabelle 12: Verwendete Formelzeichen

Anhang D Produktmodellierung im Feinkonzept

Die Ausführung der Produktmodellierung im Feinkonzept wird in der folgenden Tabelle exemplarisch anhand der *Elementgruppe Steckverbindungen* des Anwendungsbeispiels *Kabelbaum* verdeutlicht.

Eigenschaften Steckverbindungen	Abbildungseinheit	Klassifikation
Geometrie / Länge x Breite x Höhe	mm	Kosten
Geometrie / Form des Steckergehäuses	rund, quadratisch, beliebig	Kosten, Qualität, Flexibilität
Gewicht	kg	Kosten, Qualität, Flexibilität
benötigte Steck- bzw. Ziehkraft	N	Qualität
Anzahl Kontakte - belegt - Reserve	1 1	Kosten, Flexibilität
Kontaktquerschnitt	mm²	Qualität
Anzahl unterschiedlicher Kontaktsysteme	1	Kosten
MB-Vorzugskontaktsystem	ja / nein	Kosten
MB-Vorzugssteckergehäuse	ja / nein	Kosten
Erkennbarkeit der Kontaktierung - hörbar - fühlbar - sichtbar	 ja / nein ja / nein ja / nein	Qualität
Steckersicherung durch	Clip, Bügel, Schieber, Schraubverschluß, ohne Sicherung	Qualität
Trittfestigkeit	stabil / instabil	Qualität
Anzahl möglicher Steckzyklen	1	Qualität
Temperaturfestigkeit	°C	Kosten, Qualität, Flexibilität
Beständigkeit gegen flüssige und feste Stoffe	IP-Klassifizierung	Kosten, Qualität, Flexibilität
Verletzungsgefahr durch scharfe Kanten	ja / nein	Qualität
Codierung durch - Gehäusefarbe - Form - Aufdruck	ja / nein ja / nein ja / nein	Qualität
Preis	DM / Stück	Kosten

Tabelle 13: Modellierung der *Elementgruppe Steckverbindungen*

Anhang E Produktmodellierung mit EXPRESS-G

E1 EXPRESS-G Notation

Symboltypen:

- *Definitionssymbole (definition symbols)*: ⇒ Darstellung von Objekten
- *Relationssymbole (relationship symbols)*: ⇒ Darstellung von Beziehungen
- *Kompositionssymbole (composition symbols)*: ⇒ Ermöglichung einer mehrseitigen Aufteilung eines Modells

Formen von EXPRESS-G Modellen:

- *Entity-Level-Modell*: ⇒ Beschreibung von Objekten (Entities) in einem Schema durch dessen Definitionen und Relationen
- *Schema-Level-Modell*: ⇒ Darstellung von Schema-Schema-Relationen, um ausschließlich globale Zusammenhänge zwischen den Modulen aufzuzeigen

Definitionssymbole:

- *Einfache Typen (simple data types)*: ⇒ elementare Einheit von EXPRESS-G Modellen (in EXPRESS-G vordefiniert):

  - REAL ⇒ *reelle Zahl*
  - INTEGER ⇒ *ganzzahlige Zahl*
  - NUMBER ⇒ *numerische Zahl* (falls keine Unterscheidung zwischen REAL und INTEGER notwendig)
  - LOGICAL ⇒ Datentyp der Form *wahr*, *falsch* oder *unbekannt*
  - BOOLEAN ⇒ Datentyp der Form *wahr* oder *falsch*
  - STRING ⇒ *Zeichenkette*
  - BINARY ⇒ Datentyp mit den Werten *0* oder *1*

Darstellungssymbol in EXPRESS-G: | REAL ||

– *Definierte Datentypen (constructed data types)*: ⇒ zur anwendungsbezogenen Darstellung von Semantik, z. B. Sekunde Typ REAL und Wertebereich 0,0 ... 60,0

Darstellungssymbol in EXPRESS-G: TYP_NAME

– *Aufzählungstyp (enumeration type)*: ⇒ benutzerdefiniert, zur Darstellung einer geordneten Liste von Namen

Darstellungssymbol in EXPRESS-G: ENUM_NAME

– *Select-Typ (select type)*: ⇒ Auswahl von mehreren Typen

Darstellungssymbol in EXPRESS-G: SELECT_NAME

– *Entitiy*: ⇒ Objekt, welches Attribute und Assoziationen zu anderen Entities enthält (spielt zentrale Rolle in EXPRESS-G)

Darstellungssymbol in EXPRESS-G: ENTITY_NAME

– *Schemata*: ⇒ Geltungsbereich von Typen, Objekte, Funktionen und Regeln. Ein Schema kann Definitionen eines anderen Schemas nutzen. Darstellung nur in Schema-Level Modellen

Darstellungssymbol in EXPRESS-G: SCHEMA_NAME

Relationssymbole:

Relationen werden durch Attribute ausgedrückt und beschreiben Beziehungen zwischen Entities. Ihre Bedeutung ist davon abhängig, ob man sich im Entity-Level oder Schema-Level Modell befindet. Bei den Relationssymbolen betont der Kreis eine Beziehungsrichtung, jedoch ist die Relation bidirektional.

a) Im Entity-Level Modell:

– *optionale Attribute*: ⇒ gestrichelte Linie mit Kreis am Ende

Beispiel: A opt_b B

Entity A besitzt ein optionales Attribut opt_b vom Typ Entity B

– *Vererbungsbeziehungen*: ⇒ dicke, durchgezogene Linie mit Kreis am Ende

Beispiel: 

Entity B ist Subtyp von Entity A

– *notwendige Attribute*: ⇒ dünne, durchgezogene Linie mit Kreis am Ende

Beispiel: 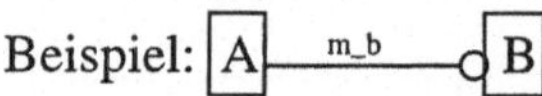

Entity A besitzt ein Attribut m_b vom Typ Entity B

b) Im Schema-Level Modell:

– *USE-FROM-Beziehung*: Beispiel: 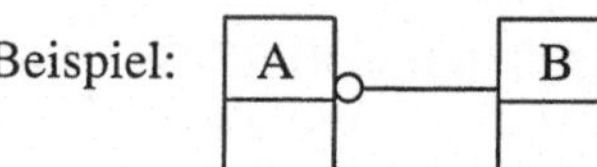

Schema B nutzt Definitionen aus Schema A, als seien diese lokal in Schema B definiert

– *REFERENCE-FROM-Beziehung*: Beispiel: 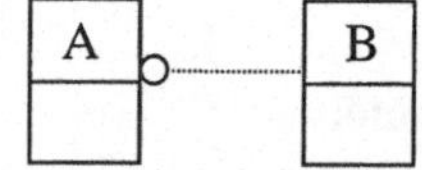

Schema B nutzt externe Definitionen aus Schema A

Kompositionssymbole:

Kompositionssymbole werden verwendet, um komplexe, sich über mehrere Seiten erstreckende Modelle darstellen zu können.

– *Seitenreferenzen*: ⇒ alle "Modellseiten" müssen eine Nummer besitzen, auf die referenziert werden kann

Darstellungssymbol in EXPRESS-G:

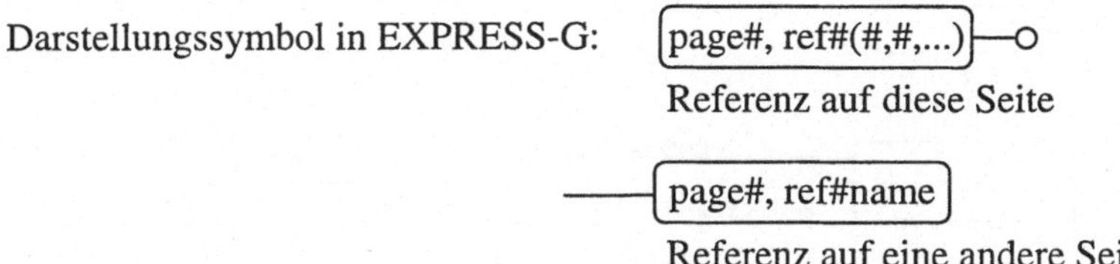

– *Inter-Schemareferenzen*: ⇒ zur Nutzung von Definitionen aus einem anderen Schema. Die Verwendung eines anderen Namens für die Definition in einem Schema erfolgt mit ALIAS.

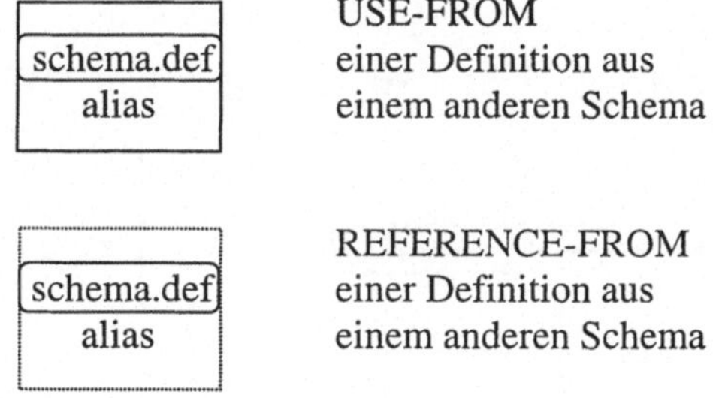

Diagrammform:

Für Entity-Level-Diagramm:

1. Titel: Complete entity level diagramm of ...
2. Seitennummerierung: Seite X von Y (Page X of Y)
3. keine Schema-Symbole
4. Vollständigkeit (Attribute, Kardinalitäten, ...)

Für Schema-Level-Diagramm:

ähnlich Entity-Level-Diagramm

E2 EXPRESS-G-Diagramm

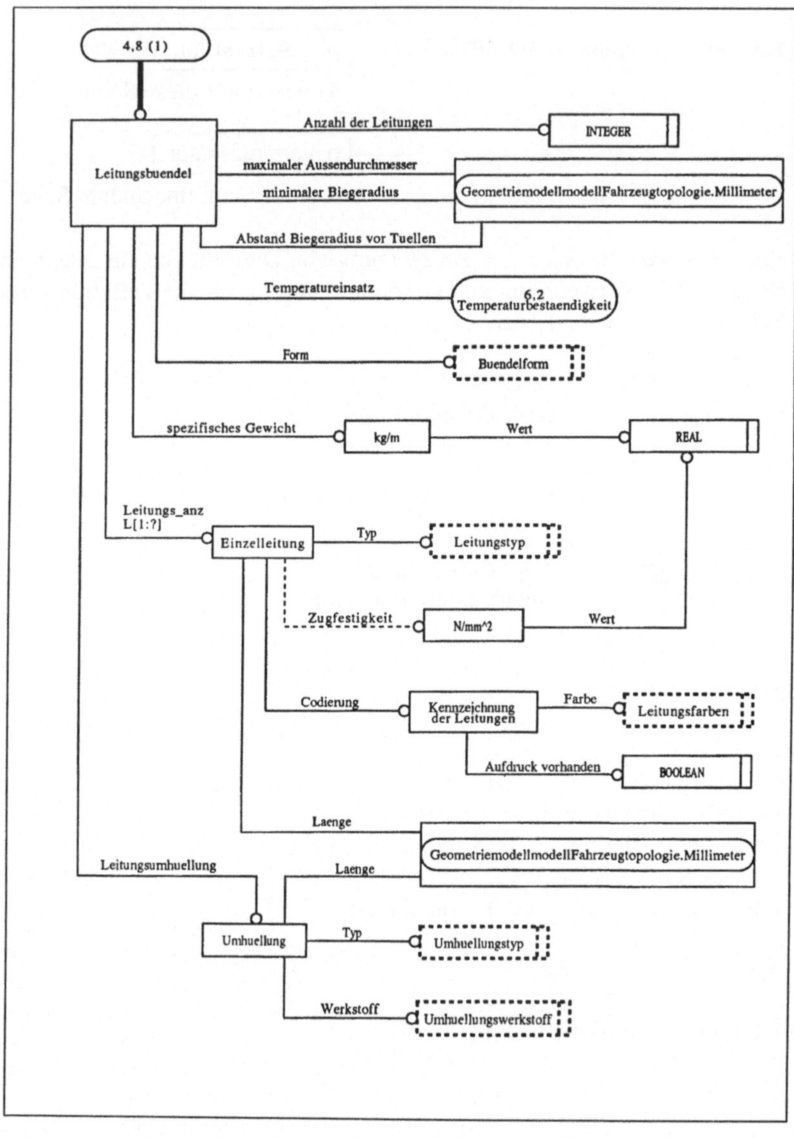

Abbildung 48: EXPRESS-G-Diagrammbeispiel (Auszug Produktmodell *PKW-Kabelbaum* - Partialmodell *Teile*)

Anhang F Prozeßmodellierung im Grobkonzept

F1 Darstellung Gesamtprozeß

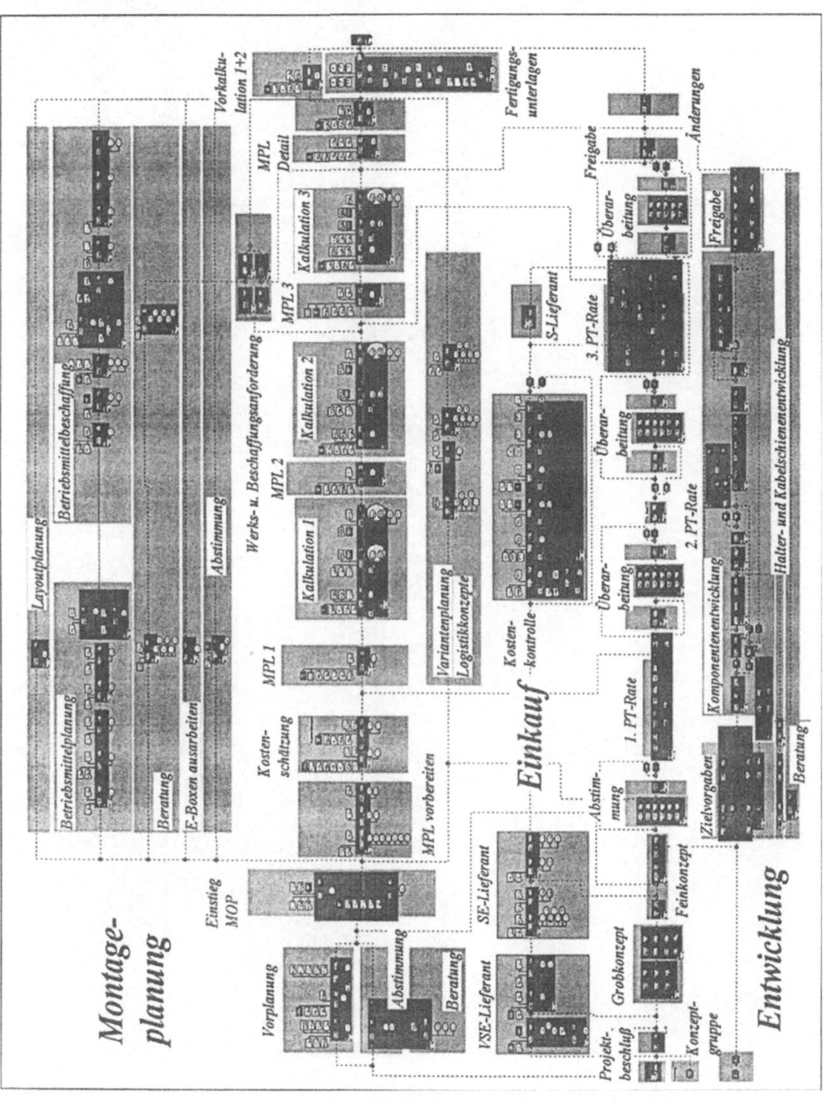

Abbildung 49: Integriertes Entwicklungsprozeßmodell am Anwendungsbeispiel *PKW-Kabelbaum*

F2 Darstellung Teilprozeß

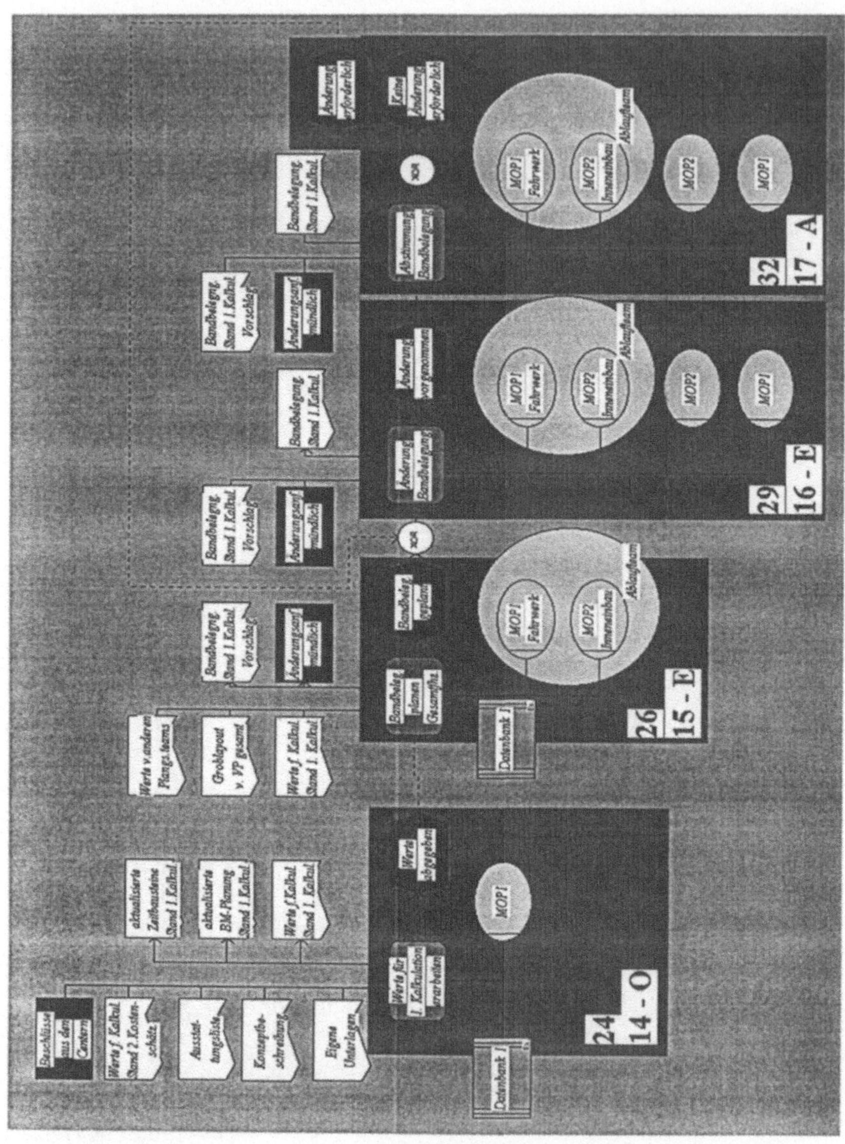

Abbildung 50: Teilprozeßmodell *Kalkulation 1* am Beispiel der *PKW-Kabelbaumentwicklung*

F3 Legende zur Prozeßmodellierung

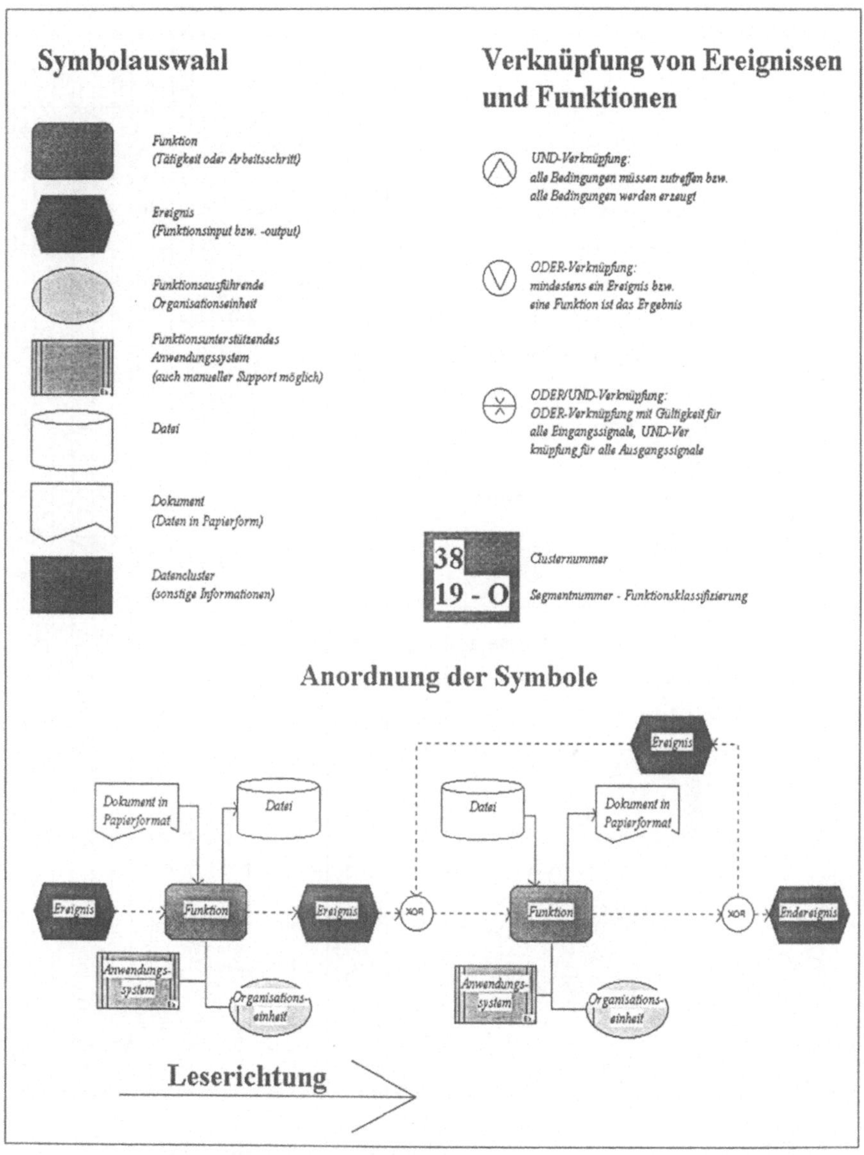

Abbildung 51: Legende zur Modellierung von Prozessen auf der Basis des eEPK-Ansatzes

Anhang G Prozeßmodellierung im Feinkonzept

b_{Gesamt} quantitativ Elementgruppen-ebene b [%]	Prozeßfunktionen: 1. Rahmenheft Gesamt-FZG erstellen	2. Rahmenheft VSE erstellen	3. Konzeptgruppe bilden	4. Grobkonzept A entwerfen	5. Angebotserstellung VSE-Lieferant	6. Grobkonzept B entwerfen	7. Montage vorplanen	8. MOP informieren und beraten	9. SE-Lieferanten auswählen	...
Klassifizierung	E	E	O	E	O	E	E	O	O	...
Elementgruppen										
1. Funktionen										
1.1 Elektrische Funktionen	3,45	3,45	0,00	3,45	0,00	6,90	0,00	0,00	0,00	
1.2 Mechanische Funktionen	2,94	2,94	0,00	2,94	0,00	5,88	0,00	0,00	0,00	
2. Teile										
2.1 Steckverbindungen	2,94	2,94	0,00	2,94	0,00	2,94	0,00	0,00	0,00	
2.2 Leitungen/Leitungsbündel	4,55	4,55	0,00	4,55	0,00	4,55	0,00	0,00	0,00	
2.3 Tüllen	5,26	5,26	0,00	0,00	0,00	10,53	0,00	0,00	0,00	
2.4 Befestigungskomponenten	5,00	5,00	0,00	5,00	0,00	5,00	0,00	0,00	0,00	
2.5 Leitungssätze	6,25	6,25	0,00	6,25	0,00	6,25	0,00	0,00	0,00	
2.6 Leitungssatzvarianten	5,00	5,00	0,00	5,00	0,00	10,00	0,00	0,00	0,00	
3. Topolgie										
3.1 Bauräume	3,85	3,85	0,00	3,85	0,00	7,69	0,00	0,00	0,00	
3.2 Verlegewege	4,55	4,55	0,00	4,55	0,00	4,55	0,00	0,00	0,00	
4. Tätigkeiten										
4.1 Einzeltätigkeiten	1,67	0,00	0,00	1,67	0,00	3,33	1,67	0,00	0,00	
4.2 Gesamttätigkeiten	2,17	0,00	0,00	2,17	0,00	4,35	2,17	0,00	0,00	
5. Logistik										
5.1 Anlieferkonzept	2,56	0,00	0,00	0,00	0,00	0,00	2,56	0,00	0,00	
5.2 Behältnisse	2,27	0,00	0,00	2,27	0,00	0,00	0,00	0,00	0,00	

Tabelle 14: *Beeinflussungstabelle* auf Elementgruppenebene

Anhang H Produktbewertungsergebnisse

H1 Bewertungsergebnisse Partialmodell *Teile*

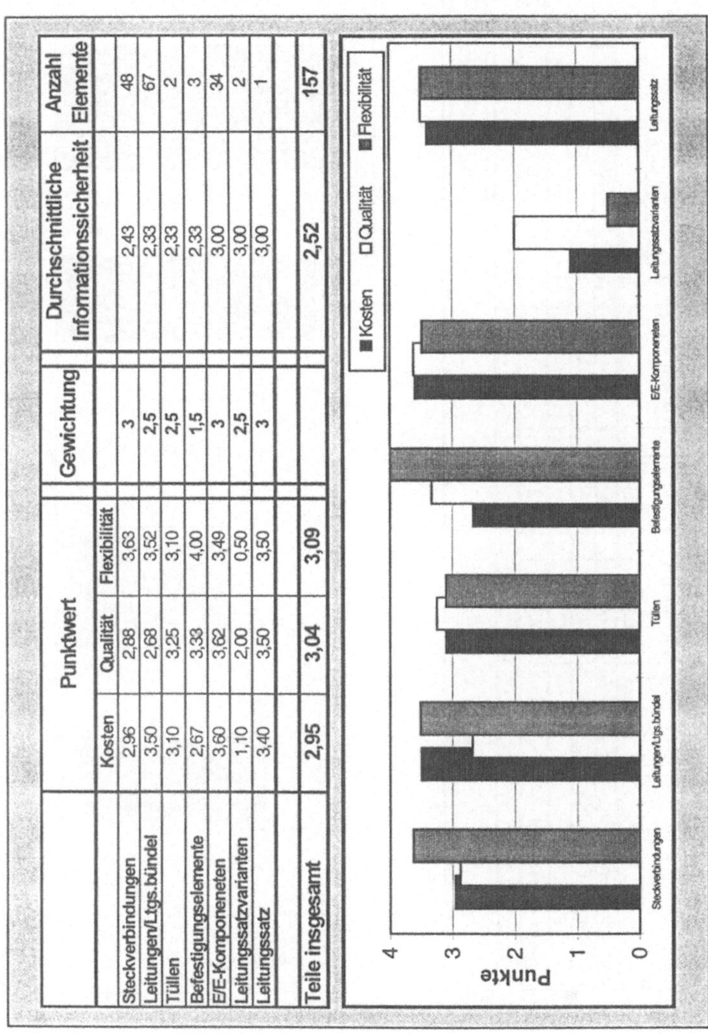

	Punktwert			Gewichtung	Durchschnittliche Informationssicherheit	Anzahl Elemente
	Kosten	Qualität	Flexibilität			
Steckverbindungen	2,96	2,88	3,63	3	2,43	48
Leitungen/Ltgs.bündel	3,50	2,68	3,52	2,5	2,33	67
Tüllen	3,10	3,25	3,10	2,5	2,33	2
Befestigungselemente	2,67	3,33	4,00	1,5	2,33	3
E/E-Komponeneten	3,60	3,62	3,49	3	3,00	34
Leitungssatzvarianten	1,10	2,00	0,50	2,5	3,00	2
Leitungssatz	3,40	3,50	3,50	3	3,00	1
Teile insgesamt	**2,95**	**3,04**	**3,09**		**2,52**	**157**

Abbildung 52: Ergebnisse der Produktbewertung für die Elementgruppen des Partialmodells *Teile*

H2 Bewertungsergebnisse Partialmodell *Funktionen*

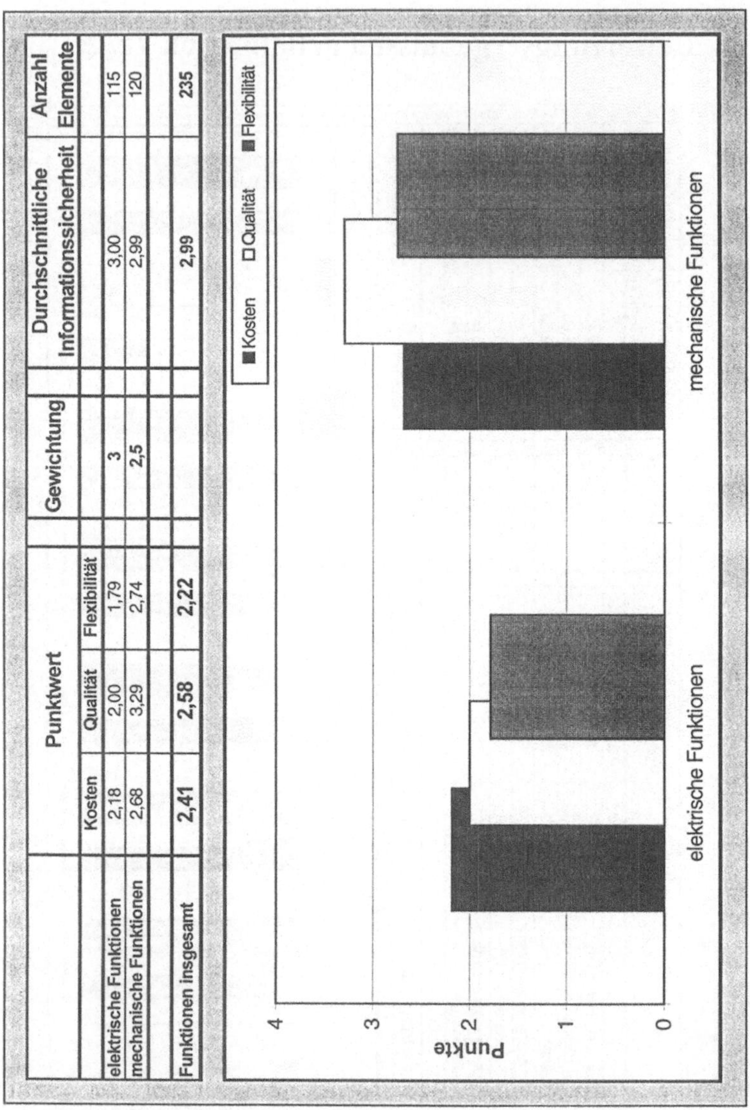

	Punktwert			Gewichtung	Durchschnittliche Informationssicherheit	Anzahl Elemente
	Kosten	Qualität	Flexibilität			
elektrische Funktionen	2,18	2,00	1,79	3	3,00	115
mechanische Funktionen	2,68	3,29	2,74	2,5	2,99	120
Funktionen insgesamt	**2,41**	**2,58**	**2,22**		**2,99**	**235**

Abbildung 53: Ergebnisse der Produktbewertung für die Elementgruppen des Partialmodells *Funktionen*

Anhang I Prozeßbewertungsergebnisse

I1 Bewertungsergebnisse Auszug Partialmodell *Teile*

Te Steckverbindungen	Segmentnummer	...	3	4	5	6	7	8	9	10	11	12	13	14	15	...	Prozeß gesamt
	Gesamtproduktreifegrad	...	8,2	12,7	13,4	13,4	22,3	27,4	27,4	28,8	33,5	33,5	43,6	48,8	50,0	...	
	Ablauforganisation AB																
BK 1	Reifegradanstieg	...	8,7	6,2	10	-	8,3	6,9	-	10	9,1	-	7,9	10	10	...	8,2
BK 2	Reifegradabweichung	...	10	9,0	9,0	-	8,0	8,0	-	8,0	8,0	-	7,0	7,0	7,0	...	9,0
BK 3	Abstimmungsausmaß	...	10	0	0	-	0	0	-	0	0,9	-	3,9	3,4	3,3	...	3,9
BK 4	Abstimmungsauswirkung	...	10	10	10	-	10	10	-	10	9,1	-	7,5	9,7	10	...	8,9
BKgesamt	Kriterien AB gesamt	...	9,7	6,3	7,3	-	6,6	6,2	-	7,0	6,8	-	6,6	7,5	7,6	→	7,5
	Aufbauorganisation AU																
BK 5	Engineering-Qualfikationserfüllung	...	10	10	10	-	0	8,0	-	4,0	2,0	-	0	8,0	0	...	3,2
BK 6	Assessment-Qualfikationserfüllung	...	-	-	-	-	-	-	-	4,2	-	1,5	-	-	5,6	...	2,7
BKgesamt	Kriterien AU gesamt	...	10	10	10	-	0	8,0	-	4,1	2,0	1,5	0	8,0	2,8	→	3,2
	Informationstechnologie IT																
BK 7	Engineering-Werkzeugeinsatz	...	0	6,0	0	-	6,0	0	-	0	3,0	-	6,0	0	2,0	...	1,4
BK 8	Engineering-Dokumentation	...	4,8	2,4	3,2	-	1,2	1,2	-	0	2,4	-	1,8	1,2	0	...	1,2
BK 9	Assessment-Werkzeugeinsatz	...	-	-	-	-	-	-	-	0	-	0	-	-	0	...	0,0
BK 10	Assessment-Dokumentation	...	-	-	-	-	-	-	-	2,4	-	1,2	-	-	2,4	...	2,1
BKgesamt	Kriterien IT gesamt	...	2,4	4,2	1,6	-	3,6	0,6	-	0,6	2,7	0,6	3,9	0,6	1,1	→	1,3

Tabelle 15: Ergebnisse der Prozeßbewertung für die Elementgruppe *Steckverbindungen* des Partialmodells *Teile*

I2 Bewertungsergebnisse Auszug Partialmodell *Funktionen*

Fu elektrische Funktionen	Segmentnummer	...	3	4	5	6	7	8	9	10	11	12	13	14	15	...	Prozeß gesamt
	Gesamtproduktreifegrad	...	8,2	12,7	13,4	13,4	22,3	27,4	27,4	28,8	33,5	33,5	43,6	48,8	50,0	...	
Ablauforganisation AB																	
BK 1	Reifegradanstieg	...	7,5	8,0	0	-	7,4	9,4	-	0	6,5	-	9,5	0,2	0	...	2,7
BK 2	Reifegradabweichung	...	7,0	6,0	5,0	-	3,0	3,0	-	3,0	2,0	-	2,0	3,0	3,0	...	6,6
BK 3	Abstimmungsausmaß	...	10	0	0	-	0	0	-	0	0,3	-	0,8	0,9	0,9	...	2,5
BK 4	Abstimmungsauswirkung	...	10	10	10	-	10	8,1	-	10	10	-	7,5	9,7	10	...	8,5
BKgesamt	Kriterien AB gesamt	...	8,6	6,0	3,8	-	5,1	5,1	-	3,3	4,7	-	4,9	3,4	3,5	→	5,1
Aufbauorganisation AU																	
BK 5	Engineering-Qualfikationserfüllung	...	10	10	10	-	0	8,0	-	4,0	2,0	-	0	8,0	0	...	3,2
BK 6	Assessment-Qualfikationserfüllung	...	-	-	-	-	-	-	-	4,2	-	1,5	-	-	5,6	...	2,7
BKgesamt	Kriterien AU gesamt	...	10	10	10	-	0	8,0	-	4,1	2,0	1,5	0	8,0	2,8	→	3,2
Informationstechnologie IT																	
BK 7	Engineering-Werkzeugeinsatz	...	0	6,0	0	-	6,0	0	-	0	3,0	-	6,0	0	2,0	...	1,4
BK 8	Engineering-Dokumentation	...	4,8	2,4	3,2	-	1,2	1,2	-	0	2,4	-	1,8	1,2	0	...	1,2
BK 9	Assessment-Werkzeugeinsatz	...	-	-	-	-	-	-	-	0	-	0	-	-	0	...	0,0
BK 10	Assessment-Dokumentation	...	-	-	-	-	-	-	-	2,4	-	1,2	-	-	2,4	...	2,1
BKgesamt	Kriterien IT gesamt	...	2,4	4,2	1,6	-	3,6	0,6	-	0,6	2,7	0,6	3,9	0,6	1,1	→	1,3

Tabelle 16: Ergebnisse der Prozeßbewertung für die Elementgruppe *elektrische Funktionen* des Partialmodells *Funktionen*

Lebenslauf

Persönliches	Patrick Nohe geboren in Mosbach am 2. Juni 1967 ledig	
Schulbildung	1974 - 1978	Grundschule, Buchen/Odw.
	1978 - 1987	Burghardt-Gymnasium, Buchen/Odw.
	1987	Abitur
Studium	1987 - 1994	Studium des Maschinenbaus an der Universität Stuttgart
	1992	Studienaufenthalt am Laboratoire de Rhéologie der Université Joseph Fourier in Grenoble, Frankreich
	1994	Diplom-Ingenieur
Berufstätigkeit	1987 - 1994	26 Wochen praktische Tätigkeit in unterschiedlichen Industriebetrieben
	1990 - 1993	Wissenschaftliche Hilfskraft an der Universität Stuttgart
	1994 - 1997	Doktorand der Daimler-Benz-Forschung und des Instituts für Arbeitswissenschaft und Technologiemanagement (IAT), Stuttgart
	seit 1997	Wissenschaftlicher Mitarbeiter der DaimlerChrysler AG, Stuttgart